생활 속의 통계
Statistics in Life

오흥준 저

 북스힐

머리말

　정보의 홍수 속에서 살아가는 우리 모두는 혼란에 빠지지 않고 필요한 정보만을 가려내는 일이 얼마나 어려운지 알고 있다. 이러한 어려운 일을 해결하기 위하여 통계의 중요성이 대두되어 대학이나 현장실무에서 이에 대한 요구가 점증 되고 있다. 통계를 이용한 자료의 분석은 그 응용 분야가 자연과학뿐만 아니라 사회과학 등 모든 분야에 걸쳐서 광범위하게 사용되어 진다고 할 수 있다.

　평소 학생들과 같이 통계 관련 수업을 진행하면서 겪는 어려움이 있다. 대부분의 통계관련 서적이 내용과 형식에 있어서는 아주 훌륭하게 만들어져 있지만, 이론적인 성향이 강하고 설명을 위하여 주어진 예제들이 우리들의 일상 생활과 동떨어져 있다. 통계 초보인 우리가 접근하기에는 어려움이 따른다. 이러한 어려움을 해결하기 위하여 통계를 처음 접하는 사람들을 대상으로 통계의 기본적인 사고와 더불어 생활 속에서 통계를 쉽게 활용할 수 있도록 생활 속의 통계 해설서를 만들어 보기로 하였다.

　이 책에서는 통계의 이론적인 개념과 기법에 접근하기보다는 누구나 쉽게 이해할 수 있도록 하였다. 기본적인 원리를 설명하여 통계기법의 적절성과 그 결과의 의미를 바르게 해석하는 데 필요한 기초적인 내용만을 알기 쉽게 모았다. 아무리 쉽고 기초적인 내용만을 모았다고 하여도 통계의 기초는 숫자이므로 수학적인 내용이 빠질 수는 없다. 그래서 처음 접하는 사람들이 부담 없이 읽기에는 어렵고 까다로운 것이 사실이다. 이 책에서는 가능하면 수학 세계에서의 용어나 기호 대신에 보통의 우리들이 사용하는 용어로 표현하려고 노력하였다. 통계를 구성하는 용어의 정의와 정리 및 성질을 다루면서 가능하면 증명은 생략하였고 꼭 필요할 경우에는 본문에서의 설명으로 그 증명을 대신하였다.

자료 분석이 필요하여 기초통계를 처음 접하려는 이들이나 일상생활 속에서 통계의 활용에 대하여 알아보고 싶은 이들에게 이 책이 조금이라도 도움이 된다면 그동안의 고생에 위안이 되리라 생각한다. 책을 쓰면서 통계를 쉽게 이해할 수 있도록 하는 것이 얼마나 어려운지를 또다시 절감하였다.

마지막으로 이 책의 출판을 위하여 함께 고생하여주신 ㈜북스힐 가족 여러분께 감사드리며 사랑하는 가족들에게 이 책을 바친다.

2020년 12월
외로운 연구실에서
저자 씀

차례

1. 통계의 기초

2. 순열과 조합

3. 확률

4. 통계

1

통계의 기초

1.1 통계학

1.1.1 통계학이란?

학문에 따라서는 그 학문의 정의를 명확히 내리는 것이 어려울 경우도 있다. 또한 어떤 용어는 명확한 정의 없이 일상에서 사용 하는 경우도 종종 있다. 우리는 통계학을 별도로 배우지 않아서 통계(학)의 정확한 정의를 내리지 않고도 일상에서 '그것들의 통계는 ~'이라든가 '통계학적으로 ~'라는 등의 말을 일상에서 자주 사용한다. 지금부터 우리가 일상에서 흔히 사용하는 통계학이 무엇인지 알아보자.

통계학(statistics)이란 연구목적에 필요한 자료 및 정보를 최적한 방법으로 수집하고, 수집한 자료를 과학적이고 논리적인 이론에 의하여 정리 분석하는 학문이다. 이 정의는 한국통계학회에서 발간한 통계용어사전에 기술되어 있다. 조금 다른 측면에서 통계학을 정의하여 보면 통계학은 주어진 조건에서 수집된 자료를 과학적 이론에 의하여 정리, 분석하는 방법을 제시해 주는 것이라고 할 수 있다. 이들 두 정의 모두 통계학은 통계를 연구하는 학문이라는 데 공통점을 두고 있다. **통계**는 집단이 집단으로서의 특징을 나타내는 숫자, 즉 집단을 양적으로 통합하여 기술한 것이다. 통계조사의 대상은 현상집단이 되고, 이 현상집단을 특정한 단위에 의해서 조사한 결과를 수집하여 하나의 통계집단으로 파악한다. 여기서 통계집단은 현재 상황의 특정한 속성에 대하여 양적으로 통일한 것으로 통계를 연구하는 우리의 연구대상이 된다.

통계학에서 가장 기본이 되는 개념 중의 하나인 통계학의 기본 용어 부터 알아보자. **모집단**(population)은 통계적 연구 대상이 되는 모든 조사대상의 집단을 의미한다. 모집단을 구성하는 모든 조사대상의 일부분을 **표본**(sample)이라고 한다. 통계조사에서 모집단 전체를 대상으로 조사하는 것을 **전수조사**(census)라고 하고 모집단의 일부분 만을 조사하는 것을 **표본조사**(sample survey)라고 한다. 모집단에 대한 특성값을 나타내는 **모수**(parameter)를 구하기 위해서는 전수조사를 할 수도 있으나 전수조사에 따르는 시간과 비용 등의 절약을 이유로 표본조사를 하는 경우가 더 많다.

통계을 전통적인 분류법에 따라 분류하면 **기술통계**(descriptive statistics)와 **추리통계**(inferential statistics)로 나누어진다. 기술통계는 필요한 자료를 수집하고 도표나 그래프로 나타내거나 대푯값, 산포도 등을 통하여 수집된 자료의 특성을 쉽고 빠르게 파악할 수 있도록 자료를 요약하고 정리하는 방법에 관한 통계의 한 분야이다. 기술통계는 그 역할이 수집된 자료의 요약·정리에 그칠 뿐 그 자료가 선발된 모집단의 특성인 모수의 추론과는 무관하다.

추리통계는 모집단의 일부로써 실제로 선발된 표본을 사용하여 표본의 특성을 분석하여 모집단의 여러 가지 특성에 관하여 추론하는 방법에 관한 통계이다.

1.1.2 통계학의 발전사

통계학이란 단어는 라틴어에서 국가라는 의미를 갖는 'status'에서 그 어원을 찾을 수 있다. 국가의 통치자들은 통계를 국가의 재정을 위한 과세대장과 병사들의 소집을 위한 징집장부 뿐만 아니라 국가의 토지분배를 위한 기록부를 작성하는 데 활용하였다. 이는 원활하게 국가를 통치하기 위해서는 여러 가지 형태의 통계자료가 필요했음을 말해 준다. 오랜기간 동안 통계는 한 국가의 지표로서 경제, 인구, 정치적인 상황을 자료나 도표로 나타내는 것과 동일시되어 왔다. 오늘날 괄목할만한 발전을 이룬 통계학은 더이상 단순히 주어진 자료를 도표나 그림으로 정리하거나 간단한 수치로 요약하는 것이 전부가 아니라, 주어진 자료를 기초로 해서 보편타당한 이론을 추론해 내는 독자적인 학문의 한 분야로 그 중요성을 인정받게 되었다.

통계학이 오늘날과 같이 학문으로서 발판을 굳히는 데는 오랜 세월이 걸렸다. 17세기에 들어와서 최초의 통계학 체계로서 **국상학**(staatenkunde)이 독일의 법학자이며 의학자인 콘링(H. Conring, 1606 - 1681)에 의하여 창시되었다. 국상학은 정치, 경제, 사회, 문화 등 여러 방면의 국가적 현상을 통계적 수치 보다는 문장의 형태로 설명하고 있다. 이 학파에 속하는 독일의 통계학자 아헨발(G. Achenwall, 1719 - 1772)이 통계학이라는 용어를 처음으로 사용하여 통계학의 아버지로 불리운다.

영국에서도 독일의 국상학과 거의 같은 시기에 **정치산술학**(political arithmetic)이라는 통계적 학문체계가 탄생하였다. 이 학파에 속하는 그란트(J. Grant, 1620 - 1674)는 과거 80년 동안의 런던의 사망표를 연구하여 1662년 윌리엄 페티와 공저한 '사망표에 관한 자연적 내지 정치적 제관찰(Natural and Political Observations Made upon the Bills of Mortality)'은 인구통계학의 개척서로서 근대 통계학의 기초를 확립하였다.

고전적 확률의 기본법칙은 갈릴레이(G. Galilei, 1564 ~ 1642)에 의하여 논의되기 시작하여 파스칼(B. Pascal, 1623 ~ 1662)에 의해서 근대적 확률이론의 기원을 이루었다. 그후 베르누이(J. Bernoulli, 1654 ~ 1705)가 대수의 법칙을 1733년 모아브르(A. D. Moivre, 1667 ~ 1754)에 의해 정규분포곡선이 고안되었다.

근대 기술통계는 국상학, 정치산술학 그리고 근대 확률이론을 바탕으로 발전을 거듭하여 현 대 추리통계의 발판을 마련하였다. 19세기 들어 피어슨(K. Pearson, 1857 ~ 1936)의 상관관계 이론과 골턴(F. Galton, 1822 ~ 1911)의 회귀분석 방법의 기초가 마련되었다. 20세기에 들어와서 고셋(W. S. Gosset, 1876 ~ 1936)은 영국의 수리통계학 잡지에 Student라는 필명으로 t-분포를 발표하였고, 피셔(R. A. Fisher, 1890 ~ 1962)는 귀무가설 개념과 분산분석에 대한 통계학적 기법을 개발하여 추리통계 발전에 기여하였다.

연습문제 1.1

01. 통계학은 어떻게 분류 되는가?

02. 현대 추리통계학 발전의 토대가 된 학문적 배경은 무엇인가?

1.2 자료의 분류와 정리

1.2.1 자료의 분류

자료는 크게 질적자료, 순서자료, 측정자료로 분류할 수 있다. **질적자료**(qualitative data)는 동물의 성별이나 인간의 혈액형 등과 같이 숫자로 대신 나타낼 수 없는 자료를 의미한다. **순서자료**(ordinal data)는 숫자 1, 2, 3, … 이나 알파벳 A, B, C, … 등과 같이 순서를 갖는 자료를 말한다. 또한 **도수자료**(frequency data)는 개체의 개수를 나타내는 자료를 말한다.

질적자료, 순서자료, 도수자료는 모두 **이산형자료**(discrete data)이고 측정자료는 **연속형자료**(continuous data)인 경우와 이산형자료인 경우가 존재한다.

예제 1.1

통계 교과목을 수강하는 어느 수강생의 혈액형이 A형이었다면 이 자료는 질적자료 이고, 수강생들을 혈액형별로 분류하였으면 그 자료는 도수자료가 된다.

문제 1.1

모 대학교의 학점이 A, B, C, D, F 등급으로 주어진다고 하자.
(1) 통계학 교과목을 수강하는 어떤 학생이 A등급을 받았다면, 이것은 무슨 자료인가?
(2) 통계학 교과목 수강생 30명 중에서 A등급이 6명, 12명, C등급이 5명, D등급이 4명, F등급이 3명이라면, 이것은 무슨 자료인가?

1.2.2 자료의 정리 1

통계조사를 위해 수집된 자료는 조사대상 하나하나의 값을 알 수
있으나 전체적인 특징을 알기는 어려움이 있다. 그래서 자료를 목
적에 따라 분류·정리하면 자료의 전체적인 특징과 분포상태를 쉽
게 알 수 있다.

키, 몸무게, 성적 등과 같이 자료를 숫자로 나타내는 것을 **변수**
(variable)라고 하며 변수를 일정한 구간으로 나눈 구간을 **계급**(class)이
라고 하고, 각 계급에 속하는 자료의 개수를 **도수**(frequency)라고 하며
계급을 대표하는 값으로 그 계급의 정중앙에 있는 값을 **계급값**(class
mark)이라고 한다. 주어진 자료를 몇 개의 계급으로 나누고, 각 계급
에 속하는 도수를 조사하여 나타낸 표를 **도수분포표**(frequency
distribution table)라고 한다.

도수분포표를 만들려면 먼저 계급구간의 수와 폭을 정하여야 한
다. 계급구간의 수는 보통 7~15개 정도로 하는 것이 적당하지만
1926년 스터지스(H. A. Sturges, 1882 - 1958)가 'The choice of a class
interval'이라는 논문에서 주어진 자료의 개수를 이용하여 계급구간
의 개수를 결정할 수 있는 공식을 다음과 같이 제시하였다. 물론
계급구간의 수 k와 계급구간의 폭은 양의 정수이어야 하므로 소수
점 첫 번째 자리에서 올림을 하여 정수 형태를 만든다. 여기에서
n은 자료의 총 개수이다.

$$k = 1 + \log_2 n$$
$$= 1 + \frac{\log_{10} n}{\log_{10} 2}$$
$$= 1 + 3.3 \log_{10} n$$

일반적인 자료를 이용한 도수분포표의 작성에서 스터지스의 공식은 합리적이고 편리하게 계급구간의 개수를 도출해내지만 어떠한 경우에서는 그렇지 못할 때도 있다. 스터지스의 공식은 오직 자료의 개수만을 가지고 수학적인 계산에 따라 계급구간의 개수를 산출하기 때문에 자료가 갖는 의미를 반영하지 못한다. 만약 자료의 수 배열에 어떠한 특별한 의미가 있다면 이 공식을 사용하는 것은 바람직하지 않다. 표 1.1에 있는 50개의 자료를 스터지스의 공식으로 계급구간의 개수를 구하면 7개의 구간으로 도수분포표를 만들어야 하지만 자료의 통계가 의도하는 바에 따라 계급구간의 개수를 구하면 9개로 도수분포표를 만드는 것이 타당하다.

표 1.1 임의의 50개의 자료

3.58	5.55	2.53	5.82	6.62	7.38	6.90	6.93	5.28	1.70
8.65	0.72	3.89	2.82	4.81	8.62	7.82	2.62	2.25	2.01
8.61	2.22	5.41	3.51	4.94	1.50	3.55	3.24	4.31	8.45
4.77	2.41	2.86	1.19	7.14	5.47	1.16	5.46	5.77	7.50
1.45	5.57	8.65	2.38	3.87	1.40	6.75	2.85	5.62	5.78

이외에도 1980년 Davies와 Goldsmith는 제곱근을 이용한 $k = \sqrt{n}$ 를 1986년 Ishigawa는 $k = 6 + \dfrac{n}{50}$ 등의 방법을 제시하였다. 앞으로 우리는 스터지스의 방법을 사용하여 구간의 개수를 구할 것 이다.

계급구간의 폭은 자료의 최댓값에서 최솟값을 뺀 뒤, 앞서 구한 계급구간의 개수로 나누는 것이 적당하다. 계급구간의 경계값을 구하여보자. 첫 번째 계급구간에 전체자료의 최솟값이 포함되어야 하므로 주어진 자료들의 기본 단위의 절반을 자료의 최솟값에서 뺀값을 첫 번째 계급구간의 최솟값인 하한값으로 정하면 자료의 최솟값이 자연스럽게 주어진 계급구간에 포함되어 진다.

도수분포표를 만드는 방법을 순서대로 요약하면 다음과 같다.

도수분포표 작성순서

- step 1 : 자료의 최댓값에서 최솟값을 빼어 자료의 범위를 구한다.
- step 2 : 계급의 수를 결정한다.
- step 3 : 계급구간을 결정한다.
- step 4 : 각 계급구간에 속하는 도수를 구한다.
- step 5 : 계급값을 구한다.
- step 6 : 상대도수를 구한다.

다음 예제로 도수분포표를 작성하는 구체적인 방법을 설명한다.

예제 1.2

다음 자료는 모 군에 거주하는 50세 이상 성인 60명의 몸무게를 조사한 것이다. 도수분포표를 작성하여라.

표 1.2 모 군에 거주하는 50세 이상 성인 60명의 몸무게

58	58	60	54	46	71	60	60	59	72
49	50	66	46	56	68	48	84	55	57
55	51	53	53	55	50	66	72	68	69
62	60	64	52	42	47	65	65	57	58
75	75	59	69	78	66	39	63	60	47
62	68	60	72	56	72	46	65	77	54

[풀이] 도수분포표 작성순서에 따라 우선 자료의 범위를 구하기 위하여 최댓값과 최솟값을 각각 구하면 84와 39이므로 범위는 45이다. 두 번째로 계급구간의 수 k는

$$k = 1 + 3.3 \log_{10} 60$$
$$= 6.868$$
$$\fallingdotseq 7$$

이므로, 계급구간의 수는 7이 된다. 세 번째로 계급구간은 자료의 범위를 계급구간의 수로 나눈값이다. 즉, $45 \div 7 = 6.429$이므로 계급구간은 소수점 아래 첫 번째 자리에서 올림하여 7로 정하면 된다. 첫 번째 계급구간의 하한값은 자료의 최솟값에서 자료의 기본 단위의 절반을 뺀값으로 정하여 다음과 같은 도수분포표를 만든다.

표 1.3 도수분포표 1

계급	도수
38.5 ~ 45.5	
45.5 ~ 52.5	
52.5 ~ 59.5	
59.5 ~ 66.5	
66.5 ~ 73.5	
73.5 ~ 80.5	
80.5 ~ 87.5	

표 1.2를 읽어 표 1.3의 각 계급구간에 속하는 도수를 구한다.

표 1.4 도수분포표 2

계급	도수
38.5 ~ 45.5	2
45.5 ~ 52.5	11
52.5 ~ 59.5	16
59.5 ~ 66.5	16
66.5 ~ 73.5	10
73.5 ~ 80.5	4
80.5 ~ 87.5	1

다음은 다섯 번째로 각 계급구간의 계급값을 구한다. 계급값은 각 계급구간의 하한값과 상한값을 더한뒤 2로 나눈값이다.

표 1.5 도수분포표 3

계급	계급값	도수
38.5 ~ 45.5	42	2
45.5 ~ 52.5	49	11
52.5 ~ 59.5	56	16
59.5 ~ 66.5	63	16
66.5 ~ 73.5	70	10
73.5 ~ 80.5	77	4
80.5 ~ 87.5	84	1

마지막으로 각 계급구간의 도수의 총 도수에 대한 비율인 상대도수를 구하여 보자.

표 1.6 도수분포표 4

계급	계급값	도수	상대도수
38.5 ~ 45.5	42	2	0.033
45.5 ~ 52.5	49	11	0.183
52.5 ~ 59.5	56	16	0.267
59.5 ~ 66.5	63	16	0.267
66.5 ~ 73.5	70	10	0.167
73.5 ~ 80.5	77	4	0.067
80.5 ~ 87.5	84	1	0.017

표 1.6은 우리가 얻은 표 1.2에 대한 도수분포표이다.

문제 1.2

다음 자료는 모 군에 거주하는 50세 이상 성인 60명의 키를 조사한 것이다. 도수분포표를 작성하여라.

표 1.7 모 군에 거주하는 50세 이상 성인 60명의 키

147	160	144	150	151	165	152	151	152	169
148	163	158	149	148	155	155	163	159	153
147	146	157	149	158	150	162	151	175	161
150	150	156	153	148	145	169	170	153	160
158	156	146	150	155	154	146	158	152	143
155	155	154	154	150	163	139	162	161	157

1.2.3 자료의 정리 2

앞에서 주어진 자료를 정리하는 첫 번째 방법으로 자료를 도수분포표를 사용하여 정리하는 방법에 대하여 알아보았다. 이번에는 또 다른 방법으로 도표를 사용하는 방법에 대하여 알아보자.

도표는 도수분포표의 정보를 graph로 나타낸 것이다. 정리한 자료를 도표와 표로 함께 나타내면 도표로만 보여 줄 때보다 자료의 이해가 훨씬 쉽고 빠르다. 도표의 종류는 막대도표, 히스토그램, 줄기-잎 그림, 꺾은선 그래프, 산점도, 파이차트, 상자그림 등 여러 가지가 있다. 이 중에서 가장 많이 사용하는 도표는 막대도표, 히스토그램, 꺾은선 그래프, 산점도 그리고 파이차트 등이다. 참고로 줄기-잎 그림과 상자그림을 설명하려고 한다.

(1) 막대도표

막대도표(bar diagram)는 일반적인 직교좌표계에 막대 모양으로 도수를 표시해서 가로축에는 점수나 항목을 세로축에는 도수를 표시한 도표이다. 이 도표는 질적자료나 비연속적인 자료를 나타내기에

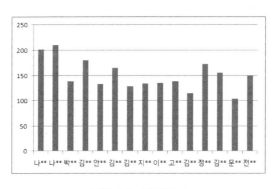

그림 1.1 막대도표

편리하며, 각 변수가 분리되어 있음을 나타내기 위해서 막대와 막대 사이에 빈 공간을 둔다.

(2) 히스토그램

막대도표의 세로축에는 계급구간에 속하는 도수, 가로축에는 계급구간의 경계값을 나타내는 것을 히스토그램(histogram)이라고 하는데, 주로 연속성을 갖는 자료들과 양적변수를 나타내기 위하여 사용한다. 따라서 막대와 막대 사이에 빈 공간이 없이 붙어 있다.

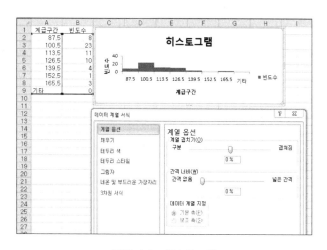

그림 1.2 히스토그램

(3) 꺾은선 그래프

꺾은선 그래프란 각 점수에 해당하는 빈도를 점으로 나타낸 다음에 이웃한 점들을 선으로 연결한 도표이다. 히스토그램과 마찬가지로 연속변수와 양적변수를 나타낼 때 사용하면 편리하다.

히스토그램은 두 집단 이상의 점수들의 분포를 비교하기 어렵지

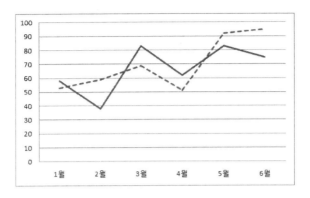

그림 1.3 꺾은선 그래프

만 꺾은선 그래프는 이러한 단점을 보완할 수 있다.

(4) 산점도

산점도는 두 자료 사이의 관계를 그림으로 나타내는 방법이다. 산점도는 Excel에서 분산형 차트를 사용하여 구할 수 있다. 분산형 차트의 모양이 임의의 직선에 모여 있으면 두 자료사이에는 강한 연관성이 있고, 특별한 모양이 없이 퍼져있으면 연관성이 약함을 의미한다.

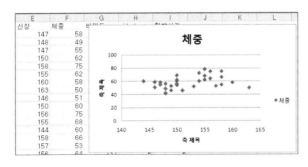

그림 1.4 꺾은선 그래프

(5) 파이차트

파이차트(pie chart)란 원안에 각 범주의 빈도에 해당하는 상대적인 크기를 원의 면적으로 분할하여 표시한 것이다.

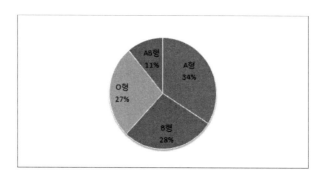

그림 1.5 파이차트

(6) 줄기-잎 그림

히스토그램은 자료의 분포를 쉽게 알 수는 있지만, 측정값 하나 하나의 정확한 값을 알 수는 없다. 측정값들의 분포를 쉽게 파악하면서 측정값을 유지하는 방법으로 줄기-잎 그림(stem-leaf plot)이 있다.

줄기-잎 그림을 그리기 위해서는 우선 측정값을 줄기 부분과 잎 부분으로 나눈다. 예를 들어 57과 같이 측정값의 자릿수가 최대 두 자리일 때는 십의 자리인 5를 줄기 부분으로 뒤의 일의 자리 7을 잎으로 나눈다. 줄기-잎 그림은 자료 분석을 시행하기에 앞서 자료의 분포 형태를 알아보고자 하는 경우에 주로 사용한다. 줄기-잎 그림을 그리는 자세한 방법은 다음의 예제로 설명을 대신한다.

다음 표는 모 대학 학생들의 2020학년도 생활통계 교과목을 수강한 학생 50명의 수시고사 성적이다. 이 측정값에 대하여 줄기-잎 그림을 그리시오.

표 1.8 생활통계 수시고사 성적

81	85	97	85	93	90	93	91	94	81
84	83	86	93	92	87	90	93	85	75
99	89	85	89	90	99	84	95	75	75
81	86	93	94	95	95	85	89	75	75
81	91	84	90	97	87	92	86	75	75

[풀이] 주어진 성적의 최대단위가 두 자리이므로 첫 번째 자리의 숫자를 줄기로, 끝자리 숫자를 잎으로 하자. 줄기에 해당 되는 숫자를 순서대로 세로로 배열하고 그 옆에 수직선을 그린다. 잎에 해당하는 측정값을 앞 단위 오른쪽에 가로로 기입 한다. 각 줄기에서 잎 부분의 값을 오름차순으로 재배열한다.

```
7 |
8 |
9 |
```

⇓

```
7 | 5 5 5 5 5 5 5
8 | 1 5 5 1 4 3 6 7 5 9 5 9 4 1 6 5 9 1 4 7 6
9 | 7 3 0 3 1 4 3 2 0 3 9 0 9 5 3 4 5 5 1 0 7 2
```

⇓

```
7 | 5 5 5 5 5 5 5
8 | 1 1 1 1 3 4 4 4 5 5 5 5 5 6 6 6 7 7 9 9 9
9 | 0 0 0 0 1 1 2 2 3 3 3 3 3 4 4 5 5 5 7 7 9 9
```

그림 1.6 생활통계 수시고사 성적에 대한 줄기-잎 그림

상자그림에 대한 설명은 사분위수범위 설명에서 계속한다.

연습문제 1.2

01 통계청은 우리나라에서 매년 생산되는 쌀 생산량의 통계를 집계하고 있다. 쌀 생산량 자료는 무슨 자료인가?

02 우리나라 행정 구역별 면적을 집계하였다.
(1) 면적은 무슨 자료를 나타내는가?
(2) 면적을 크기순으로 나타내면 무슨 자료인가?
(3) 윤봉길 의사가 충청남도에서 출생하였다는 것은 무슨 자료라고 할 수 있는가?

03 다음에서 연속형자료는 어느 것 인가?
(1) 높이   (2) 무게   (3) 성별
(4) 형광등의 수명   (5) 자녀의 수

04 질적자료에서 계급하한, 계급상한, 계급중간값은 어떠한 의미를 갖는가?

1.3 중심 경향값과 산포도

1.3.1 중심 경향값

주어진 자료의 특성을 대표하는 대푯값을 이용하여 자료의 특성을 기술하는 방법으로는 **중심 경향값**(central tendency)과 **산포도**(variability)가 가장 많이 사용된다.

중심 경향값은 집단을 대표하는 하나의 값을 나타내지만 산포도는 대푯값을 중심으로 관찰값들인 자료들이 흩어져 있는 정도를 말한다. 중심 경향값은 주어진 자료가 어떤 특정한 값 주변으로 모여 있는 경향을 의미하는데, 이러한 경향은 중심 경향값을 계산하지 않고는 알 수 없다. 중심 경향값은 도표를 이용하면 주어진 자료가 어떠한 값을 중심으로 모여 있는지 또는 얼마나 흩어져 있는지를 알 수 있다. 중심 경향값으로는 평균, 최빈값, 중앙값 등이 주로 사용된다.

(1) 평균

평균은 자료의 대푯값으로서의 여러 가지 좋은 점을 가지고 있어 중심 경향값으로 가장 많이 사용된다. **평균**(mean)은 흔히 무게중심에 비유된다. 막대 저울의 막대가 정확하게 평형을 이루고 있다고 하자. 이제 막대의 끝에 있는 작은 저울추를 한 개 덜어내면 막대는 평형이 깨져 기울어진다. 따라서 막대의 평형을 유지하려면 막대의 지지대를 이동하여야 하는데 이러한 원리 때문에 평균은 **이상점**(outlier)의 영향을 받기 쉬운 단점이 있다.

평균이라고 하면 보통 산술평균을 의미하는데, 평균에는 산술평

균 이외에도 기하평균과 조화평균이 있다. **산술평균**(arithmetic mean)에
는 단순산술평균과 가중산술평균이 있다. 단순산술평균이란 우리
가 보통 사용하는 평균으로 자료의 합을 자료의 개수로 나눈 값을
말한다. 예제 1.3의 생활통계 교과목을 수강한 학생 50명의 수시고
사 성적에 대한 평균값을 구하여 보자. 산술평균의 공식에 의하면
주어진 모든 자료값을 더한 뒤, 자료값들의 개수로 나누면 된다.
즉, 다음과 같이 계산한다.

$$ 평균 = \frac{1}{n} \cdot \sum_{i=1}^{n} x_i = \frac{81 + 85 + 97 + \cdots + 75 + 75}{50} = 87.28 $$

이에 반해 가중산술평균은 자료에 경중의 차이가 있어 자료에 일정
한 가중값을 곱하여 구한다.

예제 1.4

모 동아리 회원 8명의 키를 조사하였더니 다음과 같았다.

$$ 168, \quad 170, \quad 165, \quad 175, \quad 164, \quad 180, \quad 168, \quad 194 $$

이 동아리 회원들 키의 산술평균을 구하여라.

풀이 이 동아리 회원들의 산술평균 $\bar{x}$ 는

$$ \bar{x} = \frac{1}{8}(168 + 170 + 165 + 175 + 164 + 180 + 168 + 194) $$

$$ = 173 $$

이 된다. 여기서 194(cm)를 이 자료의 이상점으로 보아 이 값
을 제외하고 나머지 7명만의 산술평균을 계산해보면

$$ \bar{x} = \frac{1}{7}(168 + 170 + 165 + 175 + 164 + 180 + 168) $$

$$= 170$$

이 된다. 주어진 자료에서 170(cm) 이하인 회원이 다수인 것을 보면 170이라는 값이 대푯값인 중심 경향값으로 타당한 것으로 보여진다.

예제 1.5

어제 회식에서 알코올 도수가 3%인 맥주 500cc와 알코올 도수 15%인 소주 300cc를 마셨다고 하면 평균 알코올 도수는 몇 %가 되겠는가?

[풀이] 이 문제를 단순산술평균으로 구하면 $\dfrac{(3+15)}{2}=9(\%)$이다.

하지만 어제 마신 맥주와 소주의 양이 각각 다르므로 단순산술평균으로 구하면 오류가 발생한다. 이러한 오류를 바로 잡기 위하여 마신 술의 양을 자신의 도수에 각각 곱한 후에 더한 값을 마신 전체 술의 양으로 나눈

$$\frac{(500\times3)+(300\times15)}{500+300}=\frac{6000}{800}=7.5(\%)$$

이다. 이와같이 마신 술의 양을 가중값으로 하면, 마신 술의 총량의 알코올 도수의 평균을 구할 수 있다. 이것을 가중산술평균이라고 한다.

자료의 값이

$$x_1, x_2, x_2, \cdots, x_n$$

으로 주어질 때 **기하평균**(geometric mean)은 다음과 같이 계산할 수 있다.

$$\overline{x} = \sqrt[n]{x_1 \cdot x_2 \cdot \cdots \cdot x_n}$$

기하평균은 인구변동률이나 물가의 변동률과 같은 변동률의 평균을 구할 때 사용한다.

지난 n년 동안의 인구가

$$a_0 , a_1 , a_2 , \cdots , a_{n-1} , a_n$$

이라고 하자. 매년의 인구변동률은 각각

$$r_1 = \frac{a_1}{a_0} , \ r_2 = \frac{a_2}{a_1} , \ \cdots , \ r_n = \frac{a_n}{a_{n-1}}$$

이다. n년 동안의 인구변동률은 $\dfrac{a_n}{a_0}$ 이므로,

$$\frac{a_n}{a_0} = \frac{a_1}{a_0} \cdot \frac{a_2}{a_1} \cdots \frac{a_n}{a_{n-1}} = r_1 \cdot r_2 \cdot \cdots r_n$$

이 된다. n년 동안의 연평균 인구변동률을 r이라 하면

$$r_1 \cdot r_2 \cdot \cdots \cdot r_n = r \cdot r \cdot \cdots \cdot r = r^n$$

이다. 따라서 $r = \sqrt[n]{r_1 \cdot r_2 \cdot \cdots \cdot r_n}$ 이다.

평균 변동률은

$$r = \sqrt[n]{\frac{a_n}{a_0}}$$

로 나타낼 수 있다. 실제 계산은 양변에 로그를 취하면

$$\log r = \frac{1}{n} \cdot \log \frac{a_n}{a_0}$$

이므로 로그표를 사용하여 r 값을 구할 수 있다. 또 변동률의 평균을 r이라고 하면 평균증가율 k는 $k = r - 1$이 된다.

어떤 미생물 배양실험에서 100마리의 미생물이 3일 후에 400마리로 늘어났을 때, 하루평균 증가율은 얼마인가?

자료의 값이

$$x_1, \ x_2, \ x_2, \ \cdots, \ x_n$$

으로 주어질 때 **조화평균**(harmonic mean)은 다음과 같이 계산할 수 있다.

$$\bar{x} = \cfrac{n}{\cfrac{1}{x_1} + \cfrac{1}{x_2} + \cdots + \cfrac{1}{x_n}}$$

일반적으로 상품의 값은 화폐의 액수와 물건의 양으로 결정된다. 상품의 값이 상품의 단위량에 대한 값이 각각 얼마라고 정해져 있는 경우에는 상품들의 평균값은 산술평균으로 구할 수 있다. 하지만 화폐의 단위당 상품의 양이 정해져 있는 경우에는 화폐의 단위당 물건의 평균량은 조화평균으로 구해야 한다. 다음의 예로 조화평균을 조금 더 자세히 설명하여 보자.

폭우로 교통이 두절된 어떤 두 지역의 쌀값이 10,000원에 각각 2kg과 8kg이라고 하면 이들 두 지역에서 10,000원으로 구입할 수 있는 쌀은 평균 몇 kg인가?

풀이 두 지역의 쌀값이 10,000원에 각각 2kg과 8kg이므로 1kg에 대한 값이 각각 5,000원과 1,250원이므로 1kg에 평균 3,125원이 된다. 그러므로 10,000원으로 구입할 수 있는 쌀은 평균

$$\frac{10,000}{3125} = 3.2(\text{kg})$$이다. 이것을 조화평균으로 계산하여 보면

$$\frac{2}{\frac{1}{2} + \frac{1}{8}} = 3.2(\text{kg})$$

이다.

———

자료의 값

$$x_1, \ x_2, \ x_2, \ \cdots, \ x_n$$

이 모두 양수일 때, 산술평균, 기하평균, 조화평균 사이의 대소관계를 구하여보면

조화평균 $\leq$ 기하평균 $\leq$ 산술평균

의 관계가 성립한다. 등호는 모든 자료의 값이 같은 경우이다.

문제 1.4

다음과 같은 자료가 있다.

2, 4, 6

의 산술평균과 기하평균 그리고 조화평균을 각각 구하여라.

앞의 문제 1.4의 결과에서 보듯이 산술평균과 기하평균 그리고 조화평균 사이에 분명히 대소관계가 존재한다. 하지만 그 차이는 크지 않다. 그래서 이 책에서는 앞으로 평균을 구할 때, 모두 산술평균을 사용할 것이다.

(2) 최빈값

최빈값(mode)이란 주어진 자료들 중에서 출현 빈도가 가장 많은 자료값을 말한다. 최빈값은 질적자료의 경우에 많이 사용하는데 정확한 값보다는 대략적인 값을 빠르고 쉽게 알고 싶을 때 사용한다. 예제 1.3의 경우를 들어 설명하여 보자. 그림 1.6에서 보았듯이 최빈값은 빈도수가 7번인 75이다.

(3) 중앙값

중앙값(median)이라고 하는 것은 주어진 자료를 오름차순으로 재배열했을 때 자료의 정중앙에 위치하는 값을 말한다. 보통 양적자료를 분석할 때 사용하는데, 자료의 분포가 어느 한쪽으로 심하게 치우쳐 있거나 극단에 가서 자료가 한두 개 있을 때도 편리하게 사용할 수 있다.

만약 자료의 개수가 홀수이면 자료를 오름차순으로 재배열한 뒤에 자료의 개수에 1을 더한 뒤 2로 나눈 값의 순서에 해당하는 자료값이 중앙값이 된다. 반대로 자료의 개수가 짝수이면 자료를 오름차순으로 재배열한 뒤에 가운데 있는 두 자료를 더하여 2로 나눈 값(사실은 앞에서 알아보았던 산술평균값)이 중앙값이 된다. 표 1.8의 자료의 중앙값은 이 자료를 오름차순으로 재배열한 표 1.9의 25번째와 26번째 자료의 합 $87 + 89 = 176$을 2로 나눈 값인 88이다.

표 1.9 자료의 오름차순 재배열

75	75	75	75	75	75	75	81	81	81
81	83	84	84	84	85	85	85	85	85
86	86	86	87	87	89	89	89	90	90
90	90	91	91	92	92	93	93	93	93
93	94	94	95	95	95	97	97	99	99

예제 1.8

다음 주어진 자료들의 중앙값을 구하여라.

$$16 \quad 12 \quad 17 \quad 10 \quad 21 \quad 27 \quad 25$$

[풀이] 먼저 주어진 자료들을 오름차순으로 재배열하면

$$10 \quad 12 \quad 16 \quad 17 \quad 21 \quad 25 \quad 27$$

이 된다. 주어진 자료의 개수가 7개로 홀수이다. 자료의 개수인 7에 1을 더한 값인 8을 2로 나누면 4가 되므로 자료를 오름차순으로 재배열한 자료에서 왼쪽에서 네 번째에 위치한 수인 17이 이 자료의 중앙값이 된다.

문제 1.5

예제 1.8의 주어진 자료에 9를 더한 자료의 중앙값을 구하여라.

(4) 그 외의 중심 경향값

주어진 자료에 극단적인 이상점이 포함되어 있으면 자료의 (산술)평균이 대푯값인 중심 경향값으로 적당하지 않으므로 최빈값이나 중앙값을 중심 경향값으로 사용할 수 있다는 사실을 앞에서 알아보았다. 그러나 최빈값은 발생 빈도수가 가장 많은 자료값만이 반영되고 나머지 자료값은 모두 무시되기 때문에 정보의 손실이 크다. 중앙값도 중앙값을 정하는 데에는 모든 자료값이 반영되지 않고 단순히 크기순으로 나열된 정중앙의 값 하나 또는 두 개의 값으로 결정되기 때문에 마찬가지로 정보의 손실이 크다.

이와 같은 점을 고려하여 평균, 최빈값, 중앙값의 장·단점을 절충하고 보완한 값이 **절사평균**(trimmed mean)과 **원저화평균**(winsorized mean)이다.

자료를 크기순으로 나열하여 크기가 작은 자료 일부와 큰 자료 일부를 제외하고 남은 자료들의 산술평균을 절사평균 또는 절단평균이라고 한다.

만약 20개의 주어진 자료가 있다면, 값이 가장 큰 자료 10%인 2개와 가장 작은 자료 10%인 2개를 제외한 나머지 16개의 자료의 평균이 10% 절사평균이다. 또, 15개의 주어진 자료가 있다면, 10% 절사평균을 계산하려면 큰 쪽과 작은 쪽에서 1.5개씩 제외해야 한다. 제외해야 하는 자료의 수인 1.5는 정수가 아니므로 소수점 첫 번째 자리에서 버림하여 1로 정한다. 따라서 가장 큰 자료 한 개와 가장 작은 자료 한 개를 제외한 나머지 13개의 자료에 대하여 평균을 계산하면 된다.

절사평균과 같이 자료를 크기순으로 나열하여 크기가 작은 자료 일부는 바로 위의 자료로 대체하고 크기가 큰 자료는 바로 아래 자료로 대체한 자료들의 산술평균을 원저화평균이라고 한다.

만약 1부터 20까지의 양의 정수들로 이루어진 20개의 자료가 주어졌다고 하자. 값이 가장 큰 자료 10%인 2개의 자료 19와 20을 모두 18로 대체하고 가장 작은 자료 10%인 2개의 자료 1과 2를 3으로 대체하여 구한 자료의 평균이 10% 원저화평균이다.

문제 1.6

다음 주어진 10개의 자료에 대하여 15% 절사평균과 원저화평균을 구하여라.

$$3, \quad 8, \quad 10, \quad 10, \quad 11, \quad 15, \quad 20, \quad 22, \quad 23, \quad 82$$

1.3.2 산포도

앞에서 알아보았던 중심 경향값만으로는 자료의 분포상태를 알 수는 없다. 예를 들어 서로 다른 두 집단의 대푯값인 중심 경향값이 같더라도 중심 경향값을 중심으로 자료들이 모여 있는 정도가 다를 수 있다.

자료가 중심 경향값을 기준으로 모여있는가 아니면 멀리 흩어져 있는가 하는 정도를 **산포도**(measure of dispersion)라고 한다. 산포도를 측정하는 방법 가운데 가장 많이 사용되는 것이 범위, 사분위수범위, 표준편차 그리고 변동계수이다.

(1) 범위

범위(range)는 수집한 자료의 최댓값에서 최솟값을 뺀 값을 말한다. 하지만 도수분포표에서는 측정자료 각각의 값을 알 수 없으므

로 자료의 최댓값에서 최솟값을 빼는 대신에 가장 높은 계급구간의
상한값과 가장 낮은 계급구간의 하한값 사이의 차이를 구한다.

예제 1.9

다음 표는 임의의 60개의 자료를 스터지스의 공식에 의해 7개의 구간으
로 만든 도수분포표이다. 이 표에서 범위를 구하여라.

표 1.10 임의의 60개의 자료

127	102	130	98	135	96
126	106	162	80	99	98
98	108	98	126	117	108
111	99	75	98	111	105
156	89	118	159	129	88
95	82	92	98	87	108
125	140	95	96	98	112
95	104	90	116	75	87
86	120	108	90	92	117
98	117	117	95	86	96

표 1.11 60개 자료의 도수분포표

계급구간	도수
74.5 ~ 87.5	8
87.5 ~ 100.5	23
100.5 ~ 113.5	11
113.5 ~ 126.5	10
126.5 ~ 139.5	4
139.5 ~ 152.5	1
152.5 ~ 165.5	3

[풀이] 표 1.11에서 가장 높은 계급구간의 상한값은 165.5이고 가장 낮은 계급구간의 하한값은 74.5이므로 범위는 165.5－74.5＝91이다.

(2) 사분위수범위와 사분위편차

먼저 **사분위수**(quartiles)에 대하여 알아보자. 주어진 자료를 오름차 순으로 재배열하여 네 등분하였을 때, 첫 번째 분할점의 자료값을 제1사분위수(first quartile) Q_1, 두 번째 분할점의 자료값을 제2사분위 수 (second quartile) Q_2, 세 번째 분할점의 자료값을 제3사분위수(third quartile) Q_3라고 한다. 제2사분위수는 중심 경향값의 중앙값과 같다. 사분 위수범위(interquartile range) IQR는 제3사분위수 Q_3에서 제1사분위수 Q_1을 뺀값이다. 어떤 분포가 그 밀도 도수의 $\frac{1}{2}$을 그 구간에 가지 는 범위를 나타내는 **사분위편차**(quartile deviation) Q는 $\frac{IRQ}{2}$이다.

앞에서 알아보았던 범위는 주어진 자료에 극단적인 이상점이 포 함되어 있으면 산포도로서는 적절하지 않다. 이러한 경우에 이상점 을 제외하고 새롭게 범위를 수정하고 보완하여 만들어진 것이 사분 위수범위이고, 중심 경향값의 중앙값을 중심으로 근방에 흩어져 있 는 전체 자료의 절반에 해당하는 자료의 범위라고 할 수 있다. 제1 사분위수 Q_1과 제3사분위수 Q_3를 구하는 방법은 주어진 자료의 개수에 따라 두 가지 방법이 있다. 주어진 자료의 개수가 짝수개이 면 오름차순으로 재배열한 자료를 2등분 하여 그 각각에서 중앙값 을 구하면 Q_1과 Q_3가 된다. 자료의 개수가 홀수이면 먼저 제2사분위수 Q_2를 구하고 Q_2를 분할된 양쪽에 포함하여 그 각각에서 중앙값을 구하면 Q_1과 Q_3가 된다.

예제 1.10

다음 주어진 자료를 사용하여 사분위수범위와 사분위편차를 구하여라.

168, 170, 165, 175, 164, 180, 168, 194, 151

[풀이] 주어진 자료를 오름차순으로 재배열하면

151, 164, 165, 168, 168, 170, 175, 180, 194

이다. 자료의 개수가 9개이므로 홀수개이다. 제2사분위수 Q_2를 먼저 구한다. Q_2는 중앙값과 같으므로 자료의 개수가 홀수일 경우 중앙값은 $\frac{1}{2}$(자료의 개수 + 1) 번째 자료가 중앙값이되므로 왼쪽에서 5번째의 자료가 중앙값 즉, Q_2가 된다. Q_2를 분할된 양쪽에 포함하여 자료를 2등분하면

151, 164, 165, 168, 168

168, 170, 175, 180, 194

와 같이 된다. 각각 등분된 자료에서 Q_1과 Q_3를 구하면

$$Q_1 = 165, \quad Q_3 = 175$$

가 되고, 사분위수범위 IQR 과 사분위수편차 Q는 각각

$$IQR = Q_3 - Q_1 = 10$$

$$Q = \frac{Q_3 - Q_1}{2} = 5$$

가 된다.

___

예제 1.10의 주어진 자료에 158을 추가하여 사분위수범위와 사분위
편차를 구하여라.

앞에서 설명을 뒤로 미루었던 상자그림(box plot)은 주어진 자료들
로부터 얻은 최대·최소값과 제1사분위수 Q_1, 제2사분위수 Q_2,
제3사분위수 Q_3 을 사용하여 도표를 그리는 방법이다. 아래의 상자
그림 작성법처럼 Q_1 에서부터 Q_3 까지를 상자로 그리고 그린 상자
좌측과 우측에 선을 그어 최솟값과 최댓값을 표시한다.

• **상자그림 작성법**

  • **step 1** : 제1사분위수 Q_1, 제2사분위수 Q_2, 제3사분위수 Q_3
    를 구한다.
  • **step 2** : 제1사분위수 Q_1 과 제3사분위수 Q_3 를 상자로 연결
    하고 제2사분위수 Q_2 의 위치에 수직선을 표시한다.
  • **step 3** : 사분위수범위 $IQR = Q_3 - Q_1$ 을 구한다.
  • **step 4** : step 2에서 그린 상자 양쪽 끝에서 $1.5 \times IQR$ 을 경
    계로 이 구간에 포함되는 자료의 최솟값과 최댓값을 각각 선
    으로 연결한다.
  • **step 5** : 양쪽 경계를 벗어나는 자료값(즉, 이상점)을 ' * '로
    표시한다.

앞에서 설명하였던 상자그림 작성법을 그림으로 설명하면 그림 1.7과 같다.

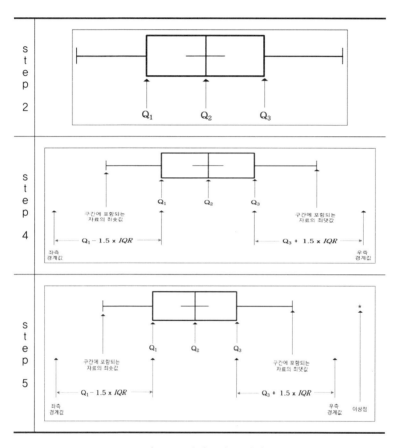

그림 1.7 상자그림 그리기

예제 1.11

다음 자료는 모 군에 거주하는 50세 이상 성인 60명의 평균 심박수를 측정한 자료이다. 이 자료를 사용하여 상자그림을 그리시오.

표 1.12

127	102	130	98	135	96
126	106	162	80	99	98
98	108	98	126	117	108
111	99	75	98	111	105
156	89	118	159	129	88
95	82	92	98	87	108
125	140	95	96	98	112
95	104	90	116	75	87
86	120	108	90	92	117
98	117	117	95	86	96

[풀이] 앞에서 설명하였던 상자그림 작성법에 의하여 풀이하여보자.

① step 1과 step 2 : 제1사분위수 Q_1, 제2사분위수 Q_2, 제3
사분위수 Q_3 를 구한다.

각 사분위수를 구하기 위해서는 주어진 자료를 오름차순으
로 재배열을 한다. 자료의 개수가 60개로 짝수이므로 제1사
분위수 Q_1 은 $60 \times 0.25 = 15$ 이므로 앞서 재배열한 자료
의 15번째 값인 95이다. 마찬가지로 이사분위수 Q_2 는 30
번째 값인 99이고 삼사분위수 Q_3 는 45번째 값인 117이다.

② step 3 : 사분위수범위 $IQR = Q_3 - Q_1$ 를 구한다.

사분위수범위 $IQR = Q_3 - Q_1 = 22$ 이므로 $1.5 \times IQR$
$= 33$ 이다.

③ step 4 : 상자 양쪽 끝에서 $1.5 \times IQR$ 을 경계로 이 구간에
포함되는 자료의 최솟값과 최댓값을 각각 선으로 연결한다.
좌측 경곗값 $Q_1 - 1.5 \times IQR = 62$ 이고 우측 경곗값
$Q_3 + 1.5 \times IQR = 150$ 이다. 주어진 자료의 최솟값이 75
이므로 좌측 경곗값에서 있으므로 75와 Q_1 을 직선으로 연

결한다. 주어진 자료들 중에서 우측 경곗값 150보다 작은 최대 자료값인 140을 Q_3와 직선으로 연결한다.

④ **step 5 :** 양쪽 경계를 벗어나는 자료값(즉, 이상점)을 ' * '로 표시한다.

주어진 자료값 중에서 156, 159와 162는 우측 경계값을 초과하므로 해당 위치에 ' * '로 표시한다.

이상의 상자그림 작성법에 의한 상자그림은 그림 1.8과 같다. 그림 1.8은 KESS'를 사용하여 출력된 그림이다. 이 프로그램에서는 이상점을 표시하는 방법이 '*' 대신에 '○'로 나타낸다.

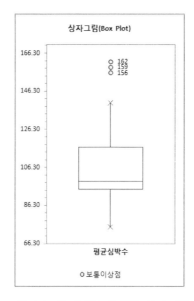

그림 1.8 'KESS'로 출력한 상자그림

(3) 평균편차

편차(deviation)란 주어진 자료들이 자료값들의 평균으로부터 얼마나 떨어져 있는가 하는 정도를 말한다. 평균에 대한 편차는 자료의 값에 따라 양의 값과 음의 값이 존재한다. 다음과 같이 n개의 자료

$$x_1, \quad x_2, \quad \cdots \quad , \quad x_n$$

가 주어졌고 그 자료들의 평균을 $\bar{x}$라고 하자. 주어진 자료의 평균은 자료의 무게중심이므로 평균에 대한 각 편차의 합

$$\sum_{i=1}^{n} (x_1 - \bar{x}) = \sum_{i=1}^{n} x_i - n \cdot \bar{x}$$
$$= n \cdot \bar{x} - n \cdot \bar{x}$$
$$= 0$$

이 된다. 편차의 합이 0 이 되지 않게 하기 위해서는 두 가지 방법이 있다. 그중 하나는 편차의 절댓값 합을 구하면 된다. 이렇게 구한 편차의 절댓값 합을 자료의 개수로 나눈 값을 **평균편차**(mean deviation) MD라고 한다. 즉 MD는

$$MD = \frac{1}{n} \cdot \sum_{i=1}^{n} |x_i - \bar{x}|$$

이다.

문제 1.8

예제 1.10의 자료에서 평균편차 MD를 구하여라.

---

(4) 분산과 표준편차

앞에서 평균은 주어진 자료값들의 무게중심이므로 편차를 각각 계산해서 모두 더하면 합이 0이 된다는 것은 알았다. 부연 설명을

하면 편차값은 양의 값과 음의 값이 발생하고 평균이 무게중심이므로 이를 모두 더하면 서로 상쇄되어 0이 된다. 편차의 합이 0이 되는 것을 방지하기 위한 첫 번째 방법은 평균편차에서 알아보았다. 두 번째 방법은 각각의 편차를 제곱한 다음에 더하여 0이 되지 않게 하는 것이다. 이것을 편차의 제곱 합이라고 한다. 편차의 제곱 합은 자료의 개수에 영향을 받기 때문에 자료의 개수로 나누어 편차의 제곱들의 평균을 만들 수 있는데, 이 값을 **분산**(variance)이라고 한다. 분산은 편차에 근거해서 자료의 산포도를 나타내는 중요한 측정값이다. 분산의 공식은 자료들의 개수를 n이라고 하면 다음과 같다.

$$\sigma^2 = \frac{1}{n} \cdot \sum_{i=1}^{n} (x_i - \mu)^2 \qquad \mu \text{는 모평균}$$

$$s^2 = \frac{1}{n-1} \cdot \sum_{i=1}^{n} (x_i - \overline{x})^2 \qquad \overline{x} \text{는 표본평균}$$

모집단의 분산과 표본들의 분산은 각각 특별한 기호를 사용하여 구별한다. 'σ^2'는 모집단의 분산을 나타내고 's^2'는 표본들의 분산을 나타낸다. 표본들의 분산 s^2는 모집단의 분산 σ^2과 다르게 편차의 제곱합을 자료의 개수에서 한 개를 뺀 $n-1$로 나눈다. 이 $n-1$을 **자유도**(degree of freedom)라고 한다. 이 자유도는 평균에 대한 n개의 편차의 합이 0이므로 $n-1$개만이 자유롭게 편차의 값을 취할 수 있고 나머지 한 개는 자유롭지 않게 결정되기 때문이다.

표본들의 분산을 구할 경우에 편차의 제곱합을 n대신에 $n-1$로 나누는 이유는 나중에 알아보겠지만, 포본들의 분산 s^2의 기댓값이 모집단의 분산 σ^2이 되어 s^2이 σ^2의 좋은 추정값이 되기 때문이다. 만약에 자유도 $n-1$로 나누지 않고 n으로 나눈 값을 표본들의 분산으로 정하면 그 표본들의 분산의 기댓값은 모집단의 분산 σ^2이 되지 못한다.

분산은 편차를 제곱해서 더한 것의 평균이므로 단위를 포함해서 처음으로 되돌리기 위해서는 그 분산의 제곱근의 양의 값을 구한다. 이것이 **표준편차**(standard deviation)이다. 표준편차는 자료가 평균의 주위에 어떻게 흩어져 있는지를 나타내는 수치이다.

모집단의 표준편차는 'σ'로 나타내고 표본들의 표준편차는 's'로 나타낸다. 표준편차의 공식은

$$\sigma = \sqrt{\sigma^2}$$

이다.

다음의 예제를 통하여 분산과 표준편차의 차이를 알아보자.

예제 1.12

아래 표는 A학과 전체 학생 20명의 통계 교과목 성적이다. 분산과 표준편차를 각각구하라.

표 1.13 A학과 학생 20명의 통계교과목 성적

87	83	70	93	78	83	71	68	53	64
77	82	95	90	86	79	82	77	68	89

[풀이] 표 1.13에서 편차와 편차의 제곱을 구하면

표 1.14 편차와 편차의 제곱

	성적(x_i)	편차($x_i - \overline{x}$)	$(x_i - \overline{x})^2$
학생1	87	8.25	68.0625
학생2	83	4.25	18.0625
학생3	70	-8.75	76.5625
학생4	93	14.25	203.0625
학생5	78	-0.75	0.5625
학생6	83	4.25	18.0625
학생7	71	-7.75	60.0625
학생8	68	-10.75	115.5625
학생9	53	-25.75	663.0625
학생10	64	-14.75	217.5625
학생11	77	-1.75	3.0625
학생12	82	3.25	10.5625
학생13	95	16.25	264.0625
학생14	90	11.25	126.5625
학생15	86	7.25	52.5625
학생16	79	0.25	0.0625
학생17	82	3.25	10.5625
학생18	77	-1.75	3.0625
학생19	68	-10.75	115.5625
학생20	89	10.25	105.0625
합계	1575	0	2131.75

이다.

표 1.14에서 편차의 제곱의 합을 사용하여 분산 σ^2을 구하면

$$\sigma^2 = \frac{\sum_{i=1}^{20}(x_i - \overline{x})^2}{n} = \frac{2131.75}{20} = 106.5875$$

이고, 표준편차 σ는

$$\sigma = \sqrt{s^2} = \sqrt{\dfrac{\displaystyle\sum_{i=1}^{20} (x_i - \overline{x})^2}{n}} = \sqrt{\dfrac{2131.75}{20}}$$

$$= \sqrt{106.5875} = 10.32412 \fallingdotseq 10.3$$

이다.

문제 1.9

어떤 모집단에서 선택한 표본의 값이 다음과 같다.

5, 8, 4, 6, 2, 7, 4, 6, 3

분산과 표준편차를 각각구하시오.

---

(5) 변동계수

표준편차, 범위, 사분위수범위 등은 자료의 흩어진 정도를 나타내는 수치이다. 하지만 단위가 다른 두 자료의 분포상태를 앞에서 주어졌던 수치를 가지고 자료의 흩어진 정도를 비교하기에는 무리가 따른다. 이 경우에는 상대적으로 자료의 흩어진 정도를 백분율로 나타내는 **변동계수**(coefficient of variation) CV가 사용된다. 변동계수 CV는 다음과 같이 구한다.

$$\text{변동계수 CV} = \dfrac{\text{표준편차}}{\text{표본평균}} \times 100$$

변동계수를 변이계수라고도 한다. 앞에서도 설명하였듯이, 변동계수는 단위평균에 대한 표준편차이므로 상대적 산포도이다. 변동계수는 단위의 이름이 붙지 않는 보통의 수인 무명수이므로 여러 집단간의 산포도를 비교하는데 사용된다.

예제 1.13

다음 표는 A, B 두 학과의 학생들이 한 달 동안 사용하는 용돈의 평균과 표준편차를 조사한 표이다. 어느 학과의 학생들의 한달 평균 용돈 사용 액수가 고른 편인지 조사하여라.

표 1.15

	평균	표준편차
A 학과	40만원	8만원
B 학과	60만원	10만원

풀이 표 1.15에 의하면 A 학과의 학생들의 한달 평균 용돈 사용액의 표준편차가 작으므로 한달 평균 용돈 사용 액수가 고른 것처럼 보인다. 조금 더 정확히 하기 위하여 각 학과의 변동계수 CV를 구하여보자.

표 1.16

	평균	표준편차	CV
A 학과	40만원	8만원	20
B 학과	60만원	10만원	16.7

앞에서 설명하였듯이 표 1.16에서 표준편차를 비교하면 A학과보다 B학과 학생들의 한 달 평균 용돈 액수가 고르지 않은 듯이 보이지만 이것은 한 달 평균 용돈 사용액수의 평균을 고려하지 않은 비교이므로 적절하지 않다. 단위평균에 대한 산포도인 변동계수를 비교하여 보면 한 달 평균 용돈 사용 액수는 오히려 A학과 학생들이 고르지 않은 편이라고 할 수 있다.

통계 교과목 수업을 수강하는 서로 다른 두 학과의 학업성취도를 알아보기 위하여 각 학과에서 10명씩을 임의로 선발하여 평가를 시행하여 다음과 같은 결과를 얻었다. 두 학과의 표본평균, 표준편차, 변동계수 등을 구하여 자료의 흩어진 정도를 비교하여라.

표 1.17 두 학과 학생 10명의 성적

학번	A학과	B학과
1	88	73
2	82	88
3	75	74
4	62	68
5	75	63
6	92	72
7	70	57
8	98	74
9	79	99
10	60	82

변동계수는 표준편차와 산술평균에 의하여 정의된 것 외에도 사분위수에 의해서도 계산할 수 있다. 제1사분위수 Q_1과 제3사분위수 Q_3의 평균인 $\frac{1}{2}(Q_1 + Q_3)$는 중심 경향값이고 $Q = \frac{1}{2}(Q_3 - Q_1)$는 사분위편차로서 산포도이다. 그러므로 상대적인 산포도의 하나로서 **사분위변동계수**(quartile coefficient of variation) QCV는

$$QCV = \frac{\frac{1}{2}(Q_3 - Q_1)}{\frac{1}{2}(Q_1 + Q_3)}$$

$$= \frac{Q_3 - Q_1}{Q_1 + Q_3}$$

이다.

문제 1.11

다음 주어진 자료에서 QCV를 구하여라.

168, 194, 170, 167, 165, 180, 175, 164

---

(6) z-score

표 1.18은 A학과 학생 30명의 통계학 수시고사 시험성적을 오름차순으로 정리한 것이다.

표 1.18 통계학 수시고사 시험성적

52	62	69	74	83	88
56	64	70	74	84	90
58	65	72	76	85	92
60	66	73	77	86	93
61	67	73	80	86	97

이 시험에서 84점을 받은 학생이 자신이 받을 수 있는 학점을 예상하기 위하여 84점의 성적이 어느 정도에 위치하고 있는가를 알고 싶어 한다. 하지만 앞에서 알아보았던 중심 경향값이나 산포

도로는 이것을 알 수가 없다. 이러한 경우에 특정한 자료값이 주어진 자료의 어느 정도 위치에 있는지를 알 수 있게 하는 **상대적 위치의 측도**(measure of relative standing)가 주어지면 매우 편리하다. 상대적 위치의 측도로는 앞에서 설명하였던 사분위수, 백분위수(percentiles) 그리고 z-score가 있다. 백분위수는 사분위수의 개념을 확대하여 자료를 오름차순으로 나열한 후, 자료값들을 100등분하는 수 값을 말한다.

z-score는 특정한 자료값이 평균으로부터 표준편차의 몇 배만큼 떨어져 있는가를 측정한다.

표 1.18의 통계학 수시고사 시험성적에서 84점의 z-score를 구하여 보자. 먼저 평균과 표준편차를 각각 구하여 보면 평균은 74.43이고 표준편차는 12.05와 같다. 따라서 z-score

$$z = \frac{84 - 74.43}{12.05} = 0.79$$

이다.

연습문제 1.3

01 다음 주어진 자료는 2015년 국내에서 가장 연비가 좋은 차 10종의 1L당 주행거리(단위 km)가 다음과 같다. 다음 통계값을 구하여라.

21.1	21.0	20.2	19.7	19.4	19.3	19.1	19.0	19.0	18.9

(1) 산술평균　　　　(2) 중앙값

(3) 최빈값　　　　　(4) 제1사분위수 Q_1과 제3사분위수 Q_3

(5) 사분위수 범위 IQR 과 사분위수 편차 Q

(6) 범위　　　　　　(7) 평균편차 $M.D$

(8) 표준편차 s

(9) 변동계수 CV 와 사분위변동계수 QCV

02 다음은 M군에 거주하는 주민 20명의 일주일 동안의 텔레비전 시청시간이다. 이 자료의 상자그림을 그려라.

21	26	27	36	43	30	35	20	15	30
34	41	31	32	16	56	38	30	20	15

2

순열과 조합

2.1 경우의 수

동일한 조건이나 상태에서 반복할 수 있는 실험이나 관찰을 통계학에서는 보통 **시행**(trial)이라고 하고 반복할 수 있는 어떤 실험이나 관찰에서 주어진 조건이 성립하는 결과의 집합을 **사건**(event)이라고 한다. 또 어떤 시행에서 사건이 일어날 수 있는 가짓수를 **경우의 수**(number of cases)라고 한다. 경우의 수를 구할 때는 반드시 '중복하지 않고, 빠짐없이' 헤아려야 한다는 원칙이 있다. 여기서 말하는 중복하지 않고, 빠짐없이 헤아리기 위해서는 보통 **사전식 배열**(lexicographic array)이나 **수형도**(tree)를 사용한다.

사전식 배열이란 모든 가능한 경우를 사전의 단어순서 배열처럼 하는 것을 말한다. 예를 들어, 세 가지 문자 A, B, C를 사전식 배열로 나타내면 ABC, ACB, BAC, BCA, CAB, CBA와 같이 나타낼 수 있다. 수형도는 어떤 사건이 일어나는 경우를 나뭇가지가 나누어지는 모양으로 나타낸 그림을 말한다. 경우의 수를 구할 때, 규칙을 찾기 어려울 때는 조건에 맞는 것은 선택하고, 조건에 맞지 않는 것은 제외하여 수형도를 그리면 편리하게 구할 수 있다. 된다. 수형도의 장점 중의 하나는 중복하지 않고 빠짐없이 모든 경우의 수를 헤아릴 수 있다는 점이다. 세 가지 문자 A, B, C의 배열을 수형도를 사용하여 나타내어보면 그림 2.1과 같다.

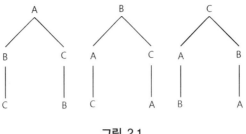

그림 2.1

매 년 3월 14일 파이데이를 기념하여 4명의 학생이 서로 다른 파이를 준비하여 서로 파이를 교환을 하려고 한다. 물론 본인이 가져온 파이는 본인이 가져가지 못하고, 한 사람이 한 종류의 파이만을 가져가는 것을 규칙으로 파이를 교환하는 경우의 수를 구하여라.

풀이 네 명의 학생을 각각 S_1, S_2, S_3, S_4 라고 하고, 학생 S_i $(i=1,2,3,4)$가 가져온 파이를 p_i라고 하자. 조건에 의하면, 학생 S_i $(i=1,2,3,4)$는 파이 p_i를 가져갈 수 없고 다른 학생이 가져간 파이를 또 가져갈 수 없으며 한 학생이 한 종류의 파이를 가져가야 하므로 각 학생이 파이를 가져갈 경우를 수형도로 그리면

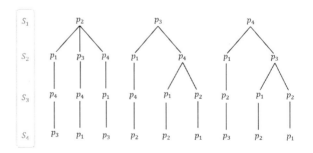

그림 2.2

이다. 따라서 구하는 경우의 수는 9(가지)이다.

흰색과 검은색의 두 개의 주사위를 동시에 던질 때, 나오는 두 눈의 수의 합이 4 또는 6이 되는 경우의 수를 구하여보자. 두 눈의 합을 순서쌍으로 나타내기 위하여 흰색 주사위의 눈을 x, 검정색 주사위의 눈을 y라고 하면 순서쌍 (x , y)와 같이 나타낼 수 있다.

(i) 두 눈의 수의 합이 4인 경우는

$$(1 , 3) , (2 , 2) . (3 , 1)$$

의 3가지이고,

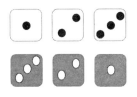

그림 2.3

(ii) 두 눈의 수의 합이 6인 경우는

$$(1 , 5) , (2 , 4) , (3 , 3) , (4 , 2) , (5 , 1)$$

의 5가지이다.

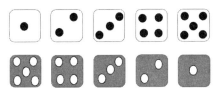

그림 2.4

두 눈의 수의 합이 4인 사건과 6인 사건은 동시에 발생할 수 없으므로 두 눈의 수의 합이 4 또는 6인 경우의 수는 모두

$$3 + 5 = 8(가지)$$

이다.

임의의 두 사건 A와 B에 대하여, 두 사건 A와 B가 동시에 일어나지 않을 때, 사건 A가 일어나는 경우의 수가 m, 사건 B가 일어나는 경우의 수가 n이라고 하면 사건 A 또는 사건 B가 일어나는 경우의 수는 $m + n$이라 하고 이를 **합의 법칙**(addition rule)이라고 한다.

예제 2.2

1부터 9까지의 숫자가 한 개씩 적힌 카드가 9장이 있다. 이 중에서 한 장을 뽑는다고 하자.

(1) 소수 또는 4의 배수가 나오는 경우의 수를 구하여라.
(2) 소수 또는 5의 배수가 나오는 경우의 수를 구하여라.

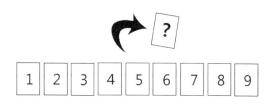

그림 1.5

[풀이] (1) 소수가 나오는 사건을 A, 4의 배수가 나오는 사건을 B라고 하면

$$A = \{\, 2 \,,\, 3 \,,\, 5 \,,\, 7 \,\} \implies n(A) = 4$$

$$B = \{\,4\,,\,8\,\} \;\Rightarrow\; n(B) = 2$$

이다. 사건 A와 B가 동시에 일어나는 경우는 없으므로 사건 A 또는 B의 경우의 수는

$$n(A \cup B) = n(A) + n(B) = 4 + 2 = 6(\text{가지})$$

이다.

⑵ 소수가 나오는 사건을 A, 5의 배수가 나오는 사건을 B라고 하면

$$A = \{\,2\,,\,3\,,\,5\,,\,7\,\} \;\Rightarrow\; n(A) = 4$$

$$B = \{\,5\,\} \;\Rightarrow\; n(B) = 1$$

이다. 두 사건 A와 B가 동시에 일어나는 경우 $A \cap B = \{\,5\,\}$가 있으므로 $n(A \cap B) = 1$이므로 사건 A 또는 B가 일어나는 경우의 수는

$$n(A \cup B) = n(A) + n(B) - n(A \cap B)$$
$$= 4 + 1 - 1 = 4(\text{가지})$$

이다.

앞의 예제 2.2에서 보았듯이 두 사건에 대하여 어느 한 사건이 일어나면 조건을 만족하는 경우의 수는 합의 법칙을 사용한다. 이 때 두 사건이 동시에 일어나는 경우가 있으면 중복되지 않게 한다. 합의 법칙은 셋 이상의 사건에 대해서도 일반적으로 성립한다.

서울 집을 출발하여 무안에 살고 있는 친구를 방문하려고 한다. 아래 그림과 같이 집에서 터미널로 가는 길은 s_1과 s_2로 두 가지 길이 있고, 터미널에서 친구 집으로 가는 방법은 b_1, b_2 와 b_3로 세

그림 2.6

가지 방법이 있다. 서울 집을 출발하여 터미널을 거쳐서 친구 집으로 가는 방법은 몇 가지가 있을까?

집에서 터미널을 거쳐 친구집으로 가는 모든 경우의 수를 순서쌍으로 나타내어 보면,

$$(s_1, b_1), (s_1, b_2), (s_1, b_3), (s_2, b_1), (s_2, b_2), (s_2, b_3) \quad \cdots ①$$

이다. 집에서 터미널로 가는 길 두 가지에 대하여 각각 터미널에서 친구 집이 있는 도시로 가는 방법이 세 가지가 있다. 이 때, s_1의 길을 이용하여 터미널을 거쳐 친구 집에 가는 사건과 s_2의 길을 이용하는 사건은 동시에 일어날 수 없으므로 합의 법칙을 사용하여 앞의 순서쌍 ①에서와 같이 합의 법칙을 사용하여 3 + 3 = 6(가지)가 있다. 마찬가지로, 집에서 터미널까지 가는 방법이 s_1과 s_2로 두 가지가 있고, 터미널에서 친구 집이 있는 도시까지 가는 방법이 b_1, b_2, b_3로 세 가지 방법이 있으므로 집에서 터미널로 가는 사건과 터미널에서 친구 집이 있는 도시로 가는 사건은 동시에 연속적으로 일어나는 일 이므로 사건 A의 경우의 수와 사건 B의 경우의 수를 곱해서 2 × 3 = 6(가지)를 구할 수 있다. 이러한 경우의 수를 다음과 같이 수형도로 구하여 보면 쉽게 이해 할 수 있다.

앞에서 설명하였던 친구 집을 방문하는 문제는 일일이 더해서

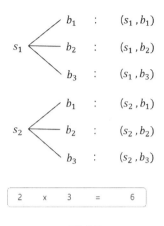

$$2 \quad \times \quad 3 \quad = \quad 6$$

그림 2.7

계산하는 합의 법칙보다는 곱해서 계산하는 것이 편리하다. 즉, 다음과 같은 법칙을 생각할 수 있다.

임의의 두 사건 A와 B에 대하여, 사건 A가 일어나는 경우의 수가 m, 그 각각에 대하여 사건 B가 일어나는 경우의 수가 n이라고 하면 사건 A와 사건 B가 동시에 일어나거나 또는 연속해서 일어나는 경우의 수는 $m \times n$이라고 하고 이를 **곱의 법칙**(multiplicative law)이라고 한다.

예제 2.3

디저트 카페에는 조각 케이크 8종류, 음료 7종류, 마카롱 5종류가 있다. 다음을 구하여라.

(1) 조각 케이크와 음료를 짝지어 선택할 수 있는 경우의 수

(2) 조각 케이크, 음료 그리고 마카롱을 짝지어 선택할 수 있는 경우의 수

[풀이] (1) 조각 케이크를 고르는 경우는 8가지이고, 고른 조각 케

이크 각각에 대하여 음료를 고르는 경우는 7가지가 있으므로 구하려는 경우의 수는 $8 \times 7 = 56$(가지)이다.

(2) 앞의 (1)의 각각의 경우에 대하여 마카롱을 고르는 경우가 5가지씩 있으므로 구하려는 경우의 수는 $8 \times 7 \times 5 = 180$ (가지)이다.

___

예제 2.4

화단을 네 개의 구역으로 나누어 4가지 색의 꽃을 심으려고 한다. 조건은 같은 색깔의 꽃을 중복해서 심어도 되지만 이웃한 부분은 서로 다른 색의 꽃을 심어서 구역을 구분해야 한다. 이 화단을 장식할 수 있는 경우의 수를 구하여라.

[풀이] 아래 그림과 같이 화단의 각 구역을 A, B, C, D로 나타내자. A구역과 D구역은 이웃하지 않고 대칭이므로 두 구역에 심는 꽃의 색깔이 서로 같은 경우와 다른 경우로 나눌 수 있다.

그림 2.8

(i) **A구역과 D구역에 같은 색깔의 꽃을 심을 경우**

A구역과 D구역에 심을 수 있는 꽃의 색깔은 4가지이고, B구역과 D구역에는 각각 A, C구역에 심은 꽃의 색깔을 제외한 3가지 색깔의 꽃을 심을 수 있다. 따라서 그림 2.8과 같은 모양의 화단에 심을 수 있는 꽃의 색깔의 경우의 수는 4×3

$\times\ 3 =\ 36$(가지)이다.

(ii) A구역과 D구역에 서로 다른 색깔의 꽃을 심을 경우

A구역에 심을 수 있는 꽃의 색깔은 4가지, B구역에 심을 수 있는 꽃의 색깔은 3가지, C구역에 심을 수 있는 꽃의 색깔은 2가지 그리고 D구역에 심을 수 있는 꽃의 색깔은 2가지 색깔의 꽃을 심을 수 있다. 따라서 그림 2.8과 같은 모양의 화단에 심을 수 있는 꽃의 색깔의 경우의 수는 $4 \times 3 \times 2 \times 2 =\ 48$(가지)이다.

(i)과 (ii)로부터 화단의 A, B, C, D 구역에 심을 수 있는 꽃의 색깔의 경우의 수는

$$36 +\ 48 =\ 84(가지)$$

이다.

연습문제 2.1

01 아래 그림과 같이 H씨는 등산을 하려고 한다. 등산로를 따라 산 정상까지 올라갔다가 올라갔던 길과는 다른 길로 내려오려고 한다. H씨가 등산할 수 있는 경우의 수를 구하여라.

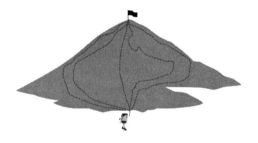

02 분필통에 다섯 명의 학생이 각각 가져온 5가지 색깔의 분필이 들어있다. 다섯 명의 학생이 분필을 사용하여 칠판에 그림을 그리려고 한다. 다섯 명 모두가 다른 학생이 가져온 색깔의 분필을 가지고 그림을 그리는 경우의 수를 구하여라.

2.2 순열

H씨는 서울에서의 야간여행을 하려고 광화문 광장ⓚ, 남산 서울타워ⓢ, 남대문 시장ⓝ 그리고 청계천ⓒ 중에서 세 곳을 정하여 여행하려고 한다. 그 순서를 정하는 방법의 수를 구하여 보자. 제일 첫 번째로 갈수 있는 장소는 ⓚ, ⓢ, ⓝ, ⓒ 네 장소 중에서 한 장소이고, 그 각각에 대하여 두 번째로 갈수 있는 장소는 첫 번째로 방문하였던 장소를 제외한 나머지 세 장소 중에서 한 장소이다. 이어서 마지막으로 방문 할 수 있는 장소는 첫 번째와 두 번째에 방문한 장소를 제외한 나머지 두 장소 중에서 한 곳이 될 것이다. 따라서 서울 야간여행의 순서를 정하는 방법의 수는 다음과 같이 계산할 수 있다.

$$4 \times 3 \times 2 = 24(가지)$$

그림 2.9

H씨의 서울에서의 야간여행 순서를 정하는 방법의 수를 수형도를 사용하여 구하면 다음과 같다.

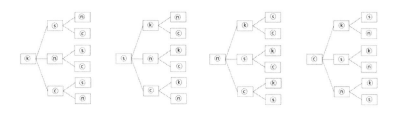

그림 2.10

이와 같이 서로 다른 n개에서 $r\,(0 < r \le n)$개를 선택하여 일렬로 나열하는 것을 n개에서 r개를 선택하는 **순열**(permutation)이라고 한다. 이 순열의 경우의 수를 $_n P_r$이라고 나타내고

$$_n P_r = \overbrace{n\,(n-1)\,(n-2)\,\cdots\,(n-r+1)}^{r개}$$

이다. 참고로 순열 기호의 표기 방법은 다음과 같다.

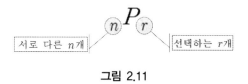

그림 2.11

다음 6장의 카드 중에서 서로 다른 3장을 택하여 만들 수 있는 단어의 수를 기호 $_nP_r$ 를 사용하여 나타내어라.

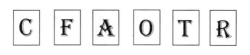

그림 2.12

[풀이] 서로 다른 다섯 개의 문자 C, F, A, O, T, R에서 중복되지 않게 세 개를 선택하여 일렬로 배열하는 문제 이므로 그림 2.11에서 '서로 다른 n개'에서 n 대신에 6을 '선택하는 r 개'에서 r 대신에 3을 대입하여 나타내면 $_6P_3$ 이다. 참고로 $_6P_3$ 의 값을 계산하여 보면 $_6P_3 = 6 \times 5 \times 4 = 120$(가지)이다.

이번에는 서로 다른 n개에서 n개 모두를 선택하는 순열의 수를 구하면

$$_nP_n = n \times (n-1) \times (n-2) \times \cdots \times 3 \times 2 \times 1$$

이다. 이와 같이 임의의 자연수 n부터 1씩 줄여 차례로 1까지 곱한 것을 n의 **계승**(factorial)이라고 하고 기호로

$$n!$$

로 나타낸다. 그러므로

$$_nP_n = n \times (n-1) \times (n-2) \times \cdots \times 3 \times 2 \times 1 = n!$$

이다. 한편, 앞에서 알아보았던 서로 다른 n개에서 $r\,(0 < r \le n)$개를 선택하여 일렬로 나열하는, n개에서 r개를 선택하는 순열

$$_nP_r = n \times (n-1) \times (n-2) \times \cdots \times (n-r+1)$$

$$= \frac{n \times (n-1) \times (n-2) \times \cdots \times (n-r+1) \times (n-r) \times}{(n-r) \times \cdots 3 \times 2 \times 1}$$

$$\frac{\cdots 3 \times 2 \times 1}{(n-r) \times \cdots 3 \times 2 \times 1}$$

$$= \frac{n!}{(n-r)!}$$

이다. $0! = 1$이고 $_nP_0 = 1$이라고 정의하면,

$$_nP_n = \frac{n!}{0!} = n!,$$

$$_nP_0 = \frac{n!}{n!} = 1$$

이 성립한다.

예제 2.6

어느 대학의 체육대회에서 A학과가 5인 6각 달리기 대회에 참가하였다. 여학생은 윤지, 희경, 희진, 남학생은 용준, 동욱이가 대표선수로 뽑혔다. 이들을 일렬로 세울 때, 다음을 구하여라.

(1) 남학생 2명을 서로 이웃하게 세우는 방법의 수를 구하여라.

(2) 여학생을 양 끝에 세우는 방법의 수를 구하여라.

[풀이] (1) 남학생 두 명을 묶어서 한 사람으로 생각하면 여학생 세 명과 함께 모두 네 명이다. 네 명을 일렬로 세우는 방법의 수는 $4! = 24$(가지)이다. 그 각각에 대하여 남학생 두 명이

서로 자리를 바꾸는 방법의 수는 $2! = 2$(가지)이다. 따라서 구하는 방법의 수는 $4! \times 2! = 24 \times 2 = 48$(가지)이다.

(2) 양 끝에 여학생을 세우는 방법의 수는 $_3P_2 = 6$(가지)이고, 그 각각에 대하여 중앙에 위치한 나머지 세 명의 학생을 일렬로 세우는 방법의 수는 $3! = 6$(가지)이다. 따라서 구하는 방법의 수는 $_3P_2 \times 3! = 6 \times 6 = 36$(가지)이다.

대칭인 다각형이나 원에 서로 다른 대상을 배열하는 방법은 회전을 고려하여야 한다. 이러한 경우 회전하여 일치하는 것은 같으므로 기준을 정한 후 나머지를 나열하여야 한다. 예를 들어 그림 2.13과 같은 원형 식탁에 a, b, c, d 네 명이 둘러앉아 있다고 하자. 각 사람이 동일한 방향으로 한 칸씩 이동하여 얻을 수 있는 경우는 4가지이고 서로의 상대적인 위치는 모두 같다.

그림 2.13과 같이 회전하여 일치하는 것은 같은 것으로 정할 때, 서로 다른 것을 원형으로 배열하는 순열을 **원순열**(circular permutation)이라고 한다. 원순열의 수를 구하는 방법을 알아보자. 네 명을 한 줄로 세우는 순열의 수는 $4 \times 3 \times 2 \times 1 = 4!$(개)이다. 이 순열을 원형으로 배열하면 회전하여 일치하는 경우가 그림 2.13과 같이 4

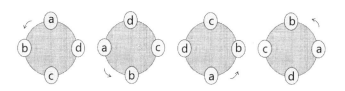

그림 2.13

그림 2.14

가지씩 있다. 따라서 구하려는 원순열의 수는

$$\frac{4!}{4} = 3! = 6(가지)$$

이다.

일반적으로 서로 다른 n개를 한 줄로 나열하는 순열의 수는 $n!$개 이고, 이 순열을 원형으로 배열하면 회전하여 일치하는 경우가 n가지씩 있으므로, 서로 다른 n개를 원형으로 배열하는 원순열의 수는

$$\frac{{}_nP_n}{n} = \frac{n!}{n} = (n-1)!$$

이다.

원순열보다 조금 더 복잡한 형태의 순열인 다각형순열에 대하여 알아보자. 원순열에서는 적당히 회전하면 같아지므로 한 개를 기준 위치에 고정한 뒤 나머지만 나열하면 된다. 하지만 다각형 둘레에 나열하는 경우 기준 위치가 하나가 아니다. 이유는 적당히 회전하여도 그림 2.15와 같이 같아지지 않기 때문이다. 이러한 경우에는 원순열의 수를 구한 뒤, 서로 다른 기준 위치의 수만큼을 곱해야 한다. 즉 다각형순열의 수를 구하는 공식은

다각형순열의 수 = (원순열의 수) × (서로 다른 기준 위치의 수)

이다.

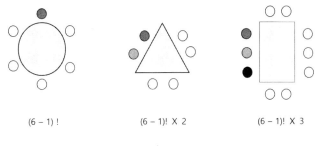

(6 – 1) !	(6 – 1)! X 2	(6 – 1)! X 3

그림 2.15

예제 2.7

그림 2.16과 같이 최대 여섯 개의 시험관을 넣을 수 있는 원형의 실험기구가 있다고 하자. 서로 다른 여섯 개의 시험관 A, B, C, D, E, F를 이 실험 기구에 모두 넣을 때, 시험관 A와 시험관 B가 이웃하게 되는 경우의 수를 구하여라.(단, 회전하여 일치하는 것은 같은 것으로 본다.)

그림 2.16

[풀이] 두 시험관 A와 B가 이웃하여야 하므로 시험관 A와 시험관 B를 묶어서 하나로 생각하자. 서로 다른 여섯 개의 시험관 중에서 두 개의 시험관 A와 B를 한 묶음으로 생각했으므로 다섯 개의 원형의 실험기구에 시험관을 넣는 경우의 원순열과 같다. 따라서 서로

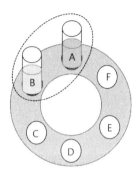

그림 2.17

다른 다섯 개의 시험관을 원형으로 배열하는 순열인 원순열의
경우의 수는

$$(5-1)! = 4! = 24(가지)$$

이다. 하지만 두 시험관 A와 B의 위치가 바뀔 수도 있으므로
$2! = 2$를 곱해야 한다. 그러므로 구하려는 경우의 수는 곱의
법칙을 사용하여

$$24 \times 2 = 48(가지)$$

이다.

그림 2.18과 같이 여섯 개의 구역으로 나누어진 정오각형을 서로 다른
여섯 가지 물감을 모두 사용하여 색칠할 수 있는 방법의 수를 구하여
라.(단, 가운데 원을 제외한 다섯 개의 도형은 모두 합동이다.)

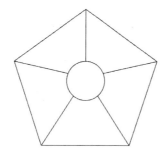

그림 2.18

풀이 가운데 원을 칠하는 방법은 여섯 가지이고, 나머지 다섯 개의 도형을 칠하는 방법의 수는 가운데 원을 칠한 색을 제외한 나머지 다섯 가지의 색을 원형으로 나열하는 원순열의 수와 같으므로

$$(5-1)! = 4! = 24(가지)$$

이다. 따라서 구하려는 방법의 수는

$$24 \times 6 = 144(가지)$$

이다.

행정안전부의 홈페이지에 보면 우리나라 국기인 태극기는 흰색 바탕에 가운데 태극 문양과 네 모서리의 건곤감리 4괘로 구성되어 있다고 한다. 태극기의 흰색 바탕은 밝음과 순수, 그리고 전통적으로 평화를 사랑하는 우리의 민족성을 나타내고 있다. 가운데의 태극 문양은 음(파랑)과 양(빨강)의 조화를 상징하는 것으로 우주 만물이 음양의 상호 작용에 의해 생성하고 발전한다는 대자연의 진리를 형상화한 것이다. 네 모서리의 4괘는 음과 양이 서로 변화하고

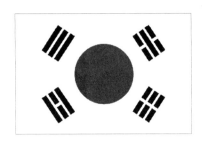

그림 2.19

발전하는 모습을 효(양 －, 음 --)의 조합을 통해 구체적으로 나타
낸 것이다. 그 가운데 건괘(☰)는 우주 만물 중에서 하늘을, 곤괘
(☷)는 땅을, 감괘(☵)는 물을, 이괘(☲)는 불을 상징한다. 이들 4괘
는 태극을 중심으로 통일의 조화를 이루고 있다고 한다. 그림 2.19
에서 보듯이 태극기에서 가운데 있는 태극의 문양을 빼면 네 개의
괘가 남는다. 하나의 괘는 세 개의 효가 3층으로 쌓여있는 구조로
이루어져 있다. 앞에서 설명하였듯이 효는 이어진 양효(－)와 갈라
진 음효(--)로 이루어진다. 이들 두 가지 효 － 와 -- 중에서 중복을
허락하여 3개를 선택해서 3층으로 쌓여있는 모양으로 나타내면

☰ ☱ ☲ ☳ ☴ ☵ ☶ ☷

그림 2.20

과 같이 8가지의 괘를 만들 수 있다. 3층으로 쌓여있는 세 개의 자
리에 올수 있는 효는 － 와 --의 두 가지씩 이므로

$$2 \times 2 \times 2 = 2^3 = 8(가지)$$

의 괘를 만들 수 있다.

이와 같이 서로 다른 n개에서 중복을 허락하여 r개를 선택하여 나열하는 순열을 n개에서 r개를 선택하는 **중복순열**(repeated permutation)이라고 한다. 이 중복순열의 경우의 수를 $_n\Pi_r$이라고 나타내고

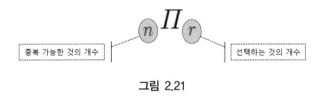

$$_n\Pi_r = \underbrace{n \times n \times n \times \cdots \times n}_{r\text{개}} = n^r$$

이다. 참고로 순열 기호의 표기 방법은 다음과 같다.

$$_n\Pi_r$$

중복 가능한 것의 개수 ｜ 선택하는 것의 개수

그림 2.21

예제 2.9

시각장애인을 위한 문자 체계의 하나인 브라유 점자는 그림 2.22와 같이 2줄로 된 여섯 개의 점으로 이루어져 있으며, 이 점들 중 볼록하게 튀어나온 점들의 개수와 위치로 한 문자를 결정한다. 이 경우 적어도 하나의 점은 반드시 볼록하게 튀어나와야 한다. 브라유 점자 체계에서 표현 가능한 문자의 개수를 구하여보자.

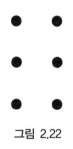

그림 2.22

풀이 각각의 점은 볼록하게 튀어나오거나 그렇지 않은 두 가지 경우이고 여섯 개의 점으로 구성되어 있으므로 표현가능한 문자의 개수는 서로 다른 두 개에서 중복을 허락하여 여섯 개를 택하여 일렬로 배열하는 수와 같다. 볼록하게 튀어나온 점들의 개수는 위치에 따라 한 문자가 결정되므로 순서를 가지고 배열하는 것으로 생각해야 하므로 일렬로 배열하는 것으로 생각해야 한다. 그러므로 $_2\Pi_6 = 2^6$(가지)이다. 그런데 여섯 개의 모든 점이 튀어나오지 않는 경우는 제외되어야 하므로 구하는 문자의 개수는 $2^6 - 1 = 63$(가지)이다.

숫자 1, 1, 1, 2, 2가 각각 하나씩 적혀있는 카드를 모두 일렬로 배열하는 순열의 수를 구하여 보자. 세 개의 1을 1_1, 1_2, 1_3 그리고 두 개의 2를 2_1, 2_2이라고 하고 각각을 서로 다른 것으로 생각하고 배열한다면 순열의 수는

$$_5P_5 = 5!$$

이 된다. 하지만 5!가지 중에서 그림 2.21과 같이 $3! \times 2!$ 가지의 순열은 서로 번호의 구별이 없다면 모두 1, 1, 1, 2, 2 와 같다.

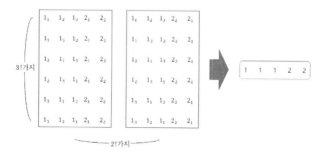

그림 2.23

따라서 세 개의 숫자 1, 1, 1 과 두 개의 숫자 2. 2 가 각각 하나씩 적힌 카드를 일렬로 배열하는 순열의 수는

$$\frac{5!}{3! \times 2!}$$

이다.

일반적으로 n개 중에서 같은 것이 각각 p개, q개, $\cdots$, r개씩 들어 있을 경우, 이들 n개를 한 줄로 나열하는 순열의 수는

$$\frac{n!}{p! \times q! \times \cdots \times r!} \ (단, \ p+q+ \cdots +r = n)$$

이다.

예제 2.10

어느 대학 신입생 환영회가 열리는 행사장에는 현수막을 한 개씩 설치할 수 있는 장소가 다섯 곳이 있다. 현수막은 A, B, C 형으로 세 종류가 있다. 현수막 A형은 한 개, 현수막 B형은 네 개, 현수막 C형은 두 개가 있다. 같은 종류의 현수막끼리는 구분하지 않는 다고 하자. '현수막 A는 반드시 설치하고 현수막 B를 두 곳 이상 설치한다.'라는 조건을 만족시키도록 현수막 다섯 개를 선택하여 행사장 다섯 곳에 설치할 때, 나타날 수 있는 경우의 수를 구하여라.

풀이 주어진 조건에서 현수막 A는 반드시 설치해야하고 B는 두 곳 이상 설치해야 하므로 다음과 같이 세 가지 경우를 생각해야 한다. 참고로 같은 종류의 현수막끼리는 구분하지 않는다.

(i) 현수막 B를 두 곳 설치할 경우
ABBCC를 한 줄로 나열하는 것과 같으므로

$$\frac{5!}{2! \times 2!} = 30(가지)$$

(ii) B를 세 곳 설치할 경우

ABBBC를 한 줄로 나열하는 것과 같으므로

$$\frac{5!}{3!} = 20(가지)$$

(iii) B를 네 곳 설치할 경우

ABBBB를 한 줄로 나열하는 것과 같으므로

$$\frac{5!}{4!} = 5(가지)$$

이다. (i) 또는 (ii) 또는 (iii)이 일어날 경우의 수 이므로 구하려는 경우의 수는 각각의 경우의 수를 더하면

$$30 + 20 + 5 = 55(가지)$$

이다.

예제 2.11

모 대학 캠퍼스는 그림 2.24와 같이 바둑판 모양의 도로망을 가지고 있다. 대학 대동제 기간에 그림과 같이 두 곳의 행사장소가 마련되었다. 행사장소를 모두 피하여 A지점을 출발하여 B지점까지 최단거리로 가는 경우의 수를 구하여보자.

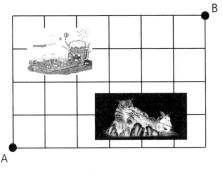

그림 2.24

풀이 캠퍼스에서 행사장 두 곳을 피하여 반드시 지나야 하는 곳을 그림 2.25와 같이 x, y, z라고 하자. 행사장을 피하여 A 지점에서 B 지점으로 움직일 때, 세 개의 점 x, y, z를 지나는 경우 각각의 경로는 중복되지 않는다.

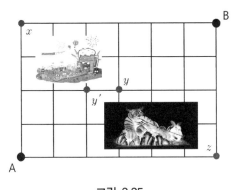

그림 2.25

(i) 점 x를 지나는 경우

점 A에서 점 x로 가는 경로는 한 가지이고 점 x에서 점 B로 가는 경로도 한 가지이므로, 점A에서 점 x를 거쳐 점 B로 가는 경로는 $1 \times 1 = 1$(가지)이다.

(ii) 점 y를 지나는 경우

점 A에서 점 y로 가기 위해서는 반드시 점 y'을 지나야만 한다. 점 A에서 점 y로 가는 경로를 구하기에 앞서 점 A에서 점 y'로 가는 경로의 경우의 수를 먼저 구하여야 한다. 이 경우의 수는 가로 방향의 칸의 수가 2, 세로 방향의 칸의 수가 2인 바둑판 모양의 도로망에서 두 점 사이를 잇는 최단 경로의 수는 전체 $(2+2)$개 중에서 같은 것이 2, 2개 포함 되어 있을 때, 일렬로 나열하는 순열의 수와 같으므로

$$\frac{(2+2)!}{2! \times 2!} = \frac{4!}{2! \times 2!} = 6(\text{가지})$$

이다.

연습문제 2.2

01 서로 다른 꽃이 심어져 있는 파란색 화분 4개와 노란색 화분 3개를 일렬로 나열할 때, 다음을 구하여라.

(1) 파란색 화분과 노란색 화분을 번갈아가며 나열하는 방법의 수

(2) 노란색 화분 3개를 이웃하게 나열하는 방법의 수

(3) 파란색 화분 2개가 양 끝에 오도록 나열하는 방법의 수

02 여섯 개의 숫자 0, 1, 2, 3, 4, 5에서 중복을 허용하여 만든 양의 정수를 오름차순으로 나열할 때, 3000은 몇 번째 수인지 구하여라.

2.3 조합

트윈스, 와이번즈, 타이거즈 등 세 프로야구팀이 친선 경기를 치르려고 한다. 세 팀이 경기를 하는 방법의 수는 트윈스와 와이번즈, 트윈스와 타이거즈, 와이번즈와 타이거즈가 경기하는 세 가지이다. 이 경우 트윈스와 와이번즈의 경기와 와이번즈와 트윈스의 경기는 동일한 경기이다.

이와 같이 선택하는 순서에 상관없이 동일한 결과가 나오는 것이 조합이다. 일반적으로 서로 다른 n개에서 순서를 고려하지 않고 r개($r \leq n$)를 선택하는 것을 n에서 r개를 선택하는 **조합**(combination)이라고 한다. 이 조합의 경우의 수를 $_nC_r$이라고 나타낸다.

서로 다른 n개에서 r개를 선택하는 조합의 수 $_nC_r$, 그 각각의 경우에 대하여 r개를 일렬로 세우는 순열의 수는 $r!$이다. 그러므로 서로 다른 n개에서 r개를 선택하여 일렬로 세우는 순열의 수 $_nP_r = {_nC_r} \times r!$ 이므로,

$$
\begin{aligned}
_nC_r &= \frac{_nP_r}{r!} \\
&= \frac{n \times (n-1) \times (n-2) \times \cdots \times (n-r+1)}{r!} \\
&= \frac{n!}{r!(n-r)!} \quad (\text{단, } 0 \leq r \leq n)
\end{aligned}
$$

이다. 만약 $r = 0$이라고 하면 $_nC_r = {_nC_0} = \dfrac{n!}{0!(n-0)!} = 1$이다.(단, $0! = 1$)

예제 2.12

모 대학 씨름 동아리에 중량급 선수가 다섯 명, 경량급 선수가 일곱 명이 있다. 단체전 출전을 앞두고 다음과 같이 출전 선수를 선발하려고 한다. 다음을 구하여라.

(1) 특정한 선수 두 명을 반드시 포함하여 여섯 명을 선발하는 경우의 수
(2) 중량급 선수 두 명과 경량급 선수 세 명을 선발하는 경우의 수

[풀이] (1) 구하려는 경우의 수는 특정 선수 두 명을 제외한 나머지 열 명의 선수 중에서 네 명을 선발하는 조합의 수이므로

$$_{10}C_4 = \frac{10!}{10! \times (10-4)!} = \frac{10 \times 9 \times 8 \times 7}{4 \times 3 \times 2 \times 1}$$
$$= \frac{5040}{24} = 210(가지)$$

이다.

(2) 중량급 선수 다섯 명 중에서 두 명을 선발하는 조합의 수는 $_5C_2$이고, 그 각각의 경우에 대하여 경량급 선수 여섯 명 중에서 세 명을 선발하는 조합의 수는 $_6C_3$이다. 따라서 구하는 경우의 수는 곱의 법칙에 의하여

$$_5C_2 \times {}_6C_3 = \frac{5!}{2! \times (5-2)!} \times \frac{6!}{3! \times (6-3)!}$$
$$= 10 \times 20 = 200(가지)$$

이다.

서로 다른 세 문자 a, b, c 중에서 다섯 개를 선택하는 방법의

수를 구하려면 문자의 중복을 허용할 수밖에 없다. 중복을 허용하여 선택하는 조합을 중복조합이라고 한다. 중복조합의 수를 구하는 방법을 예를 들어 설명한다.

서로 다른 세 문자 a, b, c 중에서 중복을 허용하여 두 개의 숫자를 선택하는 조합을 구하여 보자.

$$(a, a), \ (a, b), \ (a, c), \ (b, b), \ (b, c), \ (c, c) \qquad \cdots \ ①$$

식 ①의 각 순서쌍에 첫 번째 문자는 그대로 두고 두 번째 문자는 영어 알파벳 순서로 다음 문자를 써서 새로운 순서쌍을 만들면

$$(a, b), \ (a, c), \ (a, d), \ (b, c), \ (b, d), \ (c, d) \qquad \cdots \ ②$$

이다. 식 ①과 ②의 순서쌍 사이에는 다음과 같은 일대일 대응 관계가 성립한다.

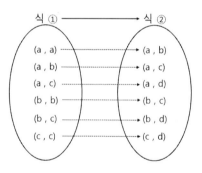

그림 2.26

하지만 식 ②의 순서쌍은 네 개의 문자 a, b, c, d 중에서 중복을 허용하지 않고 두 개의 문자를 선택하는 조합이다. 그러므로 식 ①의 순서쌍의 개수는 식 ②의 순서쌍의 개수로부터

$$_4 C_2 = {}_{3+2-1} C_2$$

가됨을 알 수 있다.

일반적으로 서로 다른 n개에서 중복을 허용하여 r개를 선택하는 조합을 **중복조합**(homogeneous combination)이라고 한다. 이 중복조합의 경우의 수를 $_n H_r$이라고 나타낸다.

서로 다른 n개에서 r개를 선택하는 중복조합의 수는 서로 다른 $(n+r-1)$개에서 r개를 선택하는 조합의 수와 같으므로

$$_n H_r = {}_{n+r-1} C_r = \frac{(n+r-1)!}{r! \times (n-1)!}$$

이다.

감귤주스 네 병, 포도주스 두 병, 토마토주스 한 병을 세 사람에게 모두 나누어 주는 경우의 수를 구하여라. (단, 한 병의 주스도 받지 못하는 사람이 있을 수도 있다.)

[풀이] 감귤주스 네 병을 세 사람에게 모두 나누어 주는 방법은

$$_3 H_4 = {}_{3+4-1} C_4 = {}_6 C_4 = \frac{30}{2} = 15(\text{가지})$$

이다.

포도주스 두 병을 세 사람에게 모두 나누어 주는 방법은

$$_3 H_2 = {}_{3+2-1} C_2 = {}_4 C_2 = \frac{12}{2} = 6(\text{가지})$$

이다.

토마토주스 한 병을 세 사람에게 모두 나누어 주는 방법은 3가

지이다. 따라서 구하려는 경우의 수는 세 가지 사건이 동시에
일어나므로,

$$15 \times 6 \times 3 = 270(가지)$$

이다.

연습문제 2.3

01 다음 그림과 같은 모 도시의 도로망이 있다. A지점에서 출발하여 B지점까지 최단 거리로 가는 경우의 수를 구하여라.

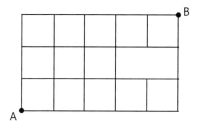

02 모 회사에서는 각 부서의 출입구에 관계자외 출입을 통제하기 위하여 각 자리의 숫자가 0 또는 1로 이루어진 6자리 숫자의 비밀번호의 나열로 이루어진 보

안카드를 사용하고 있다. A부서는 6자리의 숫자 나열에 숫자 1이 연속하여 3개 이상 나오는 보안 카드만 해당 부서의 출입구를 통과할 수 있다고 한다. 이 부서의 출입구를 통과할 수 있는 보안 카드의 총 개수를 구하여라.

2.4 분할

축구공, 농구공, 배구공 등 세 종류의 공이 각 한 개씩 있다고 하자. 이 공들을 똑같은 두 개의 상자에 빈 상자가 없도록 담으려고 한다. 방법을 생각하여 보자. 한 상자에는 세 가지 공들 중에서 한 개가 들어가고 나머지 상자에는 두 개의 공이 들어간다.

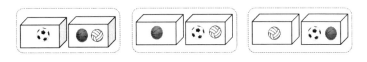

그림 2.27

집합 $A = \{$ 축구공, 농구공, 배구공 $\}$를 공집합이 아니면서 서로소인 두 개의 부분집합의 합집합으로 나타내어보면

$$\{ 축구공 \} \cup \{ 농구공, 배구공 \}$$

$$\{ 농구공 \} \cup \{ 축구공, 배구공 \}$$

$$\{ 배구공 \} \cup \{ 축구공, 농구공 \}$$

이다. 즉, 서로 다른 세 개의 공을 똑같은 두 개의 상자에 빈 상자가 없도록 나누어 담는 방법의 수는 원소가 세 개인 집합을 공집합이 아니면서 서로소인 두 개의 부분집합의 합집합으로 나타내는 방법의 수와 같다.

이와 같이 원소가 유한개인 집합을 서로소이고 공집합이 아닌 몇 개의 부분집합으로 나누는 것을 **집합의 분할**(partition)이라고 한다. 원소의 개수가 n인 집합을 공집합이 $k(1 \leq k \leq n)$개의 서로소인 부분집합으로 분할하는 방법의 수를

$$S(n, k)$$

로 나타낸다. 앞의 집합 A는 원소가 세 개인 집합이다. 이 집합을 두 개의 부분집합으로 분할하는 방법의 수는 $S(3, 2) = 3$이다.

한편, 원소의 개수가 n인 집합의 분할의 수는 집합을 n개 이하의 부분집합으로 분할하는 방법의 수 이므로

$$S(n, 1) + S(n, 2) + S(n, 3) + \cdots + S(n, n)$$

이다.

예제 2.14

다음을 구하여라.

(1) 집합 $A = \{1, 3, 5, 7\}$에 대하여 집합 A를 두 개의 서로소인 부분집합으로 나누는 집합의 분할을 모두 구하여라.

(2) $S(4, 2)$를 구하여라.

풀이 (1) 집합 A를 공집합이 아닌 두 개의 서로소인 부분집합으로 나누는 방법은 두 부분집합의 원소의 개수가 각각 1개와 3개이거나 2개와 2개인 두 가지 경우가 있다.

(i) 원소의 개수가 각각 1, 3인 두 부분집합으로 나누는 집합의 분할

$$\{1\} \cup \{2, 3, 4\}, \{2\} \cup \{1, 3, 4\},$$
$$\{3\} \cup \{1, 2, 4\}, \{4\} \cup \{1, 2, 3,\}$$

(ii) 원소의 개수가 각각 2, 2인 두 부분집합으로 나누는 집합의 분할

$$\{1, 2\} \cup \{3, 4\}, \{1, 3\} \cup \{2, 4\},$$
$$\{1, 4\} \cup \{2, 3\}$$

(2) 앞의 (1)에 의하여

$$S(4, 2) = 4 + 3 = 7$$

이다.

_____

여덟 명의 비치발리볼 선수가 두 명씩 A, B, C, D의 4개 조로 나누는 경우를 생각하여보자. 가장 손쉬운 방법이 여덟 명 중에서 임의로 두 명을 선발하여 A조를 만들고, 남은 여섯 명 중에서 두 명을 선발하여 B조를 만들고, 남은 네 명 중에서 두 명을 선발하여 C조를 만들고, 마지막 까지 남은 두 명으로 D조를 만들면 된다.

이것을 조합의 수로 나타내면

$${}_8C_2 \cdot {}_6C_2 \cdot {}_4C_2 \cdot {}_2C_2$$ $\cdots$ ③

과 같다.

여덟 명의 선수 $m_i \, (i = 1, 2, \cdots, 8)$를 두 명씩 4개의 조로 나누는 방법의 수를 x라고 하면

표 2.1

m_1 m_2	A	A	A	A	A	A	B	B	B	B	B	B	C	C	C	C	C	C	D	D	D	D	D	D
m_3 m_4	B	B	C	C	D	D	A	A	C	C	D	D	A	A	B	B	D	D	A	A	B	B	C	C
m_5 m_6	C	D	B	D	B	C	C	D	A	B	A	C	B	D	A	D	A	B	B	C	A	C	A	B
m_7 m_8	D	C	D	B	C	B	D	C	B	A	C	A	D	B	D	A	B	A	C	B	C	A	B	A

표 2.1과 같이 두 명씩 4개의 조로 나눈 다음 A, B, C, D 네 조에 배정하는 방법은 4! 가지이므로 곱의 법칙에 의하여 식 ③에서

$$x \cdot 4! = {}_8C_2 \cdot {}_6C_2 \cdot {}_4C_2 \cdot {}_2C_2$$

가 성립한다. 따라서 여덟 명의 선수가 두 명씩 4개의 조로 나누는 방법의 수는

$$x = \frac{{}_8C_2 \cdot {}_6C_2 \cdot {}_4C_2 \cdot {}_2C_2}{4!}$$

가 성립한다.

앞의 설명에서 알 수 있듯이 조합을 이용하여 조를 나눌 때에는 각 조에 속하는 사람이나 사물의 수가 같은 경우에는 서로 위치를 바꾸어도 구별이 되지 않으므로 서로 구별이 되지 않는 개수만큼 나누어 주어야 한다.

예제 2.15

여덟 명의 선수를 다음과 같이 나누는 방법의 수를 구하여라.

(1) A조 네 명, B조 네 명으로 나누는 경우의 방법의 수
(2) 네 명, 네 명씩 두 조로 나누는 경우의 방법의 수
(3) A조 네 명, B조 세 명, C조 한 명으로 나누는 경우의 방법의 수
(4) 네 명, 세 명, 한 명 씩 세조로 나누는 경우의 방법의 수

풀이 (1) 여덟 명 중에서 A조에 속할 네 명을 선발하는 방법의 수는 ${}_8C_4$이고, 남은 네 명 중에서 B조에 속할 네 명을 선발할 방법의 수는 ${}_4C_4$이므로 구하는 방법의 수는 곱의 법칙을 사용하여

$$_8 C_4 \times {}_4 C_4 = 70(\text{가지})$$

이다.

(2) 네 명씩 두 조로 나누는 방법의 수를 x라고 하면 그 각각의 경우에 대하여 두 조를 A, B에 배정하는 방법의 수가 $2!$이므로

$$x \cdot 2! = {}_8 C_4 \times {}_4 C_4$$

이다. 따라서 구하려는 방법의 수

$$x = \frac{{}_8 C_4 \times {}_4 C_4}{2!} = 35(\text{가지})$$

이다.

(3) 여덟 명 중에서 A조에 속할 네 명을 선발할 방법의 수는 $_8 C_4$이고, 남은 네 명 중에서 B조에 소속될 세 명을 선발할 방법의 수는 $_4 C_3$이고, 나머지 한 명은 C조가 되므로 구하려는 방법의 수는

$$_8 C_4 \times {}_4 C_3 \times {}_1 C_1 = 280(\text{가지})$$

이다.

(4) 각 조에 속하는 선수들의 수가 서로 다르므로 각 조에 A, B, C, D와 같이 이름을 부여하는 것과 부여하지 않는 것의 방법의 수의 차이는 없다. 이것은 A조에 네 명을, B조에 세 명을, C조에 한 명으로 나누는 방법의 수와 같으므로 구하는 방법의 수는

$$_8 C_4 \times {}_4 C_3 \times {}_1 C_1 = 280(\text{가지})$$

이다.

예제 2.15를 일반화하면, 원소의 개수가 n인 집합을 원소의 개수가 p, q, r $(p+q+r=n)$인 세 개의 집합으로 분할하는 경우의 수는

(1) p, q, r가 모두 다른 수이면

$$_nC_p \times _{n-p}C_q \times _rC_r$$

(2) p, q, r중 어느 두 수가 같으면

$$\frac{_nC_p \times _{n-p}C_q \times _rC_r}{2!}$$

(3) p, q, r의 세 수가 모두 같으면

$$\frac{_nC_p \times _{n-p}C_q \times _rC_r}{3!}$$

이다.

이번에는 분할을 활용하여 대진표를 작성하는 방법의 수를 구하여 보자.

제욱, 태현, 태준, 정환 네 명의 선수들끼리 서로 한 번씩 배드민턴 시합을 하여 그 성적에 따라 순위를 정하는 경기를 생각하여보자.

제욱과 태현이 배드민턴 시합하는 것과 태현과 제욱이 시합하는 것은 같은 경기 이므로 표 2.2와 같이 네 명의 선수끼리 서로 한

표 2.2

	제욱	태현	태준	정환
제욱				
태현				
태준				
정환				

번씩 배드민턴 시합을 하는 방법의 수는 네 명 중에서 두 명을 택하는 조합의 수인 $_4C_2 = 6$(가지)이다.

이와 같이 경기에 참가하는 모든 선수끼리 서로 한 번씩 시합하는 방식을 리그(league)전이라고 한다. n개의 팀이 리그전으로 시합하는 경기의 수는

$$_nC_2$$

이다.

한편, 스포츠 경기에서 경기 횟수를 거듭할 때마다 패자는 탈락하고 승자는 다음 경기에 진출하여 마지막에 남는 두 팀이 우승을 결정하는 토너먼트(tournament)방식이 있다.

앞에서 예를 들었던 제욱, 태현, 태준, 정환 네 명의 선수들이 두 명씩 나누어 배드민턴 시합을 하고 이 중에서 이긴 선수 두 명끼리 시합을 하여 한 명의 우승자를 뽑는 토너먼트 방식으로 시합하는 경기의 수는 $2 + 1 = 3$(가지)이다.

예제 2.16

프로야구 4개 구단인 T, S, B, K 팀이 다음과 같이 토너먼트 방식으로 시합을 치를 때, 대진표를 작성하는 방법의 수를 구하여보자.

그림 2.28

풀이 4개 구단이 결승을 기준으로 왼쪽에 위치 할 때와 오른쪽에 위치 할 때로 나눌 수 있다. 이것은 앞에서 설명하였던 조 나누기 문제와 같으므로, 그 방법의 수는

$$\frac{{}_4C_2 \times {}_2C_2}{2!}$$

이다.

결승을 기준으로 왼쪽에 있는 두 구단 T, S를 생각해 보자. T, S와 S, T가 경기하는 것은 같은 경기이므로 결승을 기준으로 왼쪽에 있는 두 구단이 시합하는 방법은 한 가지뿐이다. 마찬 가지로, 결승을 기준으로 오른쪽에 있는 두 구단 B, K가 경기 하는 방법도 한 가지 뿐이다. 따라서 대진표를 만드는 방법의 수는

$$\left(\frac{{}_4C_2 \times {}_2C_2}{2!} \right) \times 1 \times 1 = 3$$

이다.

자연수를 몇 개의 자연수의 합으로 나타내는 것을 **자연수의 분할** 이라고 한다.

예를 들어 자연수 5를 분할하여 보자.

$$
\begin{aligned}
5 &= 4 + 1 \\
&= 3 + 2 \\
&= 3 + 1 + 1 \\
&= 2 + 2 + 1 \\
&= 2 + 1 + 1 + 1 \\
&= 1 + 1 + 1 + 1 + 1
\end{aligned}
$$

이다.

임의의 자연수 n을 자신보다 크지 않은 자연수 $n_i\,(i = 1, 2, 3, \cdots, k)$의 합

$$n = n_1 + n_2 + n_3 + \cdots + n_k \; (n \geqq n_1 \geqq n_2 \geqq \cdots \geqq n_k)$$

와 같이 나타내는 것을 자연수 n을 k개의 자연수로 분할하는 방법이다. 이 분할의 수를

$$P(n, k)$$

와 같이 나타낸다.

예제 2.17

자연수 8을 세 개의 자연수로 분할하는 방법의 수를 구하여라.

[풀이] 자연수 8을 순차적으로 세 개의 자연수의 합으로 나타내는 방법을 구하여 보자.

$$\begin{aligned}
8 &= 6 + 1 + 1 \\
&= 5 + 2 + 1 \\
&= 4 + 3 + 1 \\
&= 4 + 2 + 2 \\
&= 3 + 3 + 2
\end{aligned}$$

따라서 자연수 8을 세 개의 자연수로 분할하는 방법의 수는 5가지이다.

자연수 n을 k개의 자연수로 분할 할 때, 1이 포함되는 경우와

포함되지 않는 경우로 나누어 생각하여야 한다. 예를 들어, 자연수 7을 세 개의 자연수로 분할하는 방법의 수 $P(7, 3)$를 생각해보자.

(i) 1이 포함되어 있는 경우

$$7 = 1 + a + b \ (a, b는 \ 1 \ 이상의 \ 자연수) \quad \cdots \ ④$$

의 형태이므로 식 ④는 $6 = a + b$가 된다. 이 식은 6을 두 개의 자연수로 분할하는 방법의 수 $P(6, 2)$와 같다.

(ii) 1이 포함되어 있지 않은 경우

$$7 = a + b + c \ (a, b, c는 \ 2 \ 이상의 \ 자연수) \quad \cdots \ ⑤$$

에서 $a = a' + 1, b = b' + 1, c = c' + 1$이라고 하면 식 ⑤는

$$7 = (a' + 1) + (b' + 1) + (c' + 1)$$
$$4 = a' + b' + c' \ (a', b', c'은 \ 1 \ 이상의 \ 자연수)$$

의 형태이므로 자연수 4를 세 개의 자연수로 분할하는 방법의 수 $P(4, 3)$와 같다.

따라서, (i)과 (ii)에서

$$P(7, 3) = P(6, 2) + P(4, 3)$$

이다.

자연수 7을 세 개의 자연수로 분할하는 결과에서 알 수 있듯이, 자연수 n을 k개의 자연수로 분할하는 방법의 수

$$P(n, k) = P(n-1, k-1) + P(n-k, k) \quad (n \geq 2k, k \geq 2)$$

가 성립한다.

이번에는 자연수 7을 세 개의 자연수로 분할하는 경우를 다음과

같이 나타내어보자.

$$7 = (a+1) + (b+1) + (c+1) \quad (a, b, c는 0 \text{ 또는 자연수})$$

여기서 $a+b+c = 4$이고 a, b, c는 0 또는 자연수이므로 자연수 4를 한 개 또는 두 개 또는 세 개의 자연수로 분할하는 방법의 수와 같다. 따라서

$$P(7, 3) = P(4, 1) + P(4, 2) + P(4, 3)$$

이 성립한다.

k의 값에 따른 자연수의 분할의 수 $P(n, k)$의 성질에 대하여 알아보자.

(i) $k = 1$ 또는 n일 경우

$$P(n, 1) = 1, \quad P(n, n) = 1$$

(ii) $1 < k < n$일 경우

자연수 n을 k개의 자연수로 분할하는 방법은 서로 같은 물건 n개를 서로 같은 k개의 상자에 나누어 넣는 방법으로 바꾸어 생각할 수 있다. 이 경우 n개의 물건이 서로 같으므로 이 중에서 어느 k개를 선택하여도 그 방법의 수는 한 가지 이다. 그러므로 먼저 k개의 물건을 k개의 상자에 한 개씩 넣은 후, 남은 $(n-k)$개의 물건을 한 개, 두 개, 세 개, $\cdots$, k개의 상자에 남는 구슬이 없도록 해야 된다.

$(n-k)$개의 구슬을 한 개, 두 개, 세 개, $\cdots$, k개의 상자에 남는 구슬이 없도록 나누어 넣는 방법의 수는

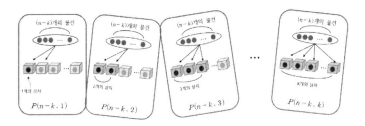

그림 2.29

따라서

$$P(n\,,\,k) = P(n-k\,,\,1) + P(n-k\,,\,2) + \cdots + P(n-k\,,\,k)$$

이다.

3

확률

3.1 확률

3.1.1 시행과 사건

친구들과 재미삼아 동전 던지기를 한다고 하자. 동전 한 개를 던지면 그 결과로 앞면이나 뒷면 중에 어느 한 면이 나온다. 또 명절에 가족들과 모여 앉아 윷놀이를 한다고 하자. 윷짝을 던지면 그 결과로 도, 개, 걸, 윷, 모 중에서 어느 하나가 나온다.

이와 같이 동전 던지기나 윷놀이에서 동전이나 윷짝을 던지는 경우와 같이 같은 조건에서 몇 번이고 반복할 수 있으며, 그 결과가 우연에 의해서 정해지는 실험이나 관찰을 **시행**(trial)이라고 한다.

어떠한 시행에서 일어날 수 있는 모든 결과의 전체의 집합을 **표본공간**(sample space)이라고 한다. 또 표본공간의 부분집합을 **사건**(event)이라고 한다. '사건 E가 일어난다.'라는 것은 시행의 결과로 집합 E의 원소 중의 하나가 발생했다는 것을 의미한다. 표본공간의 부분집합들 중에서 한 개의 원소로 이루어진 집합을 **근원사건**(elementary event)이라고 한다.

예제 3.1

윷놀이에서 윷짝을 던져서 나올 수 있는 평평한 면이 나온 개수에 따라 도, 개, 걸, 윷, 모가 정해진다. 윷짝을 던져서 나오는 평평한 면의 개수를 관찰하는 실험은 시행이고, 이 시행에서 일어날 수 있는 모든 결과는 도, 개, 걸, 윷, 모이므로, 네 개의 윷짝을 던져서 나오는 모든 경우의

 집합 $S =$ { 도, 개, 걸, 윷, 모 }를 표본공간이
라고 한다. 또한 이 시행에서 윷짝의 평평한 면의
개수가 '한 개가 나온다.', '짝수개가 나온다.' 등
은 사건이며, 이 두 사건을 각각 E_1, E_2라고 하
면 $E_1 =$ { 도 }, $E_2 =$ { 개, 윷, 모 }과 같이
나타낼 수 있다. 이때, $E_1 \subset S$, $E_2 \subset S$이다.

예제 3.1과 같이 사건과 집합을 대응시키면 편리하게 사용할 수
있다. 또한 표본공간 S 자신의 집합 $S =$ { 도, 개, 걸, 윷, 모 }을
전사건(total event)이라고 하고 공집합 $\varnothing$ 에 대응되는 사건을 **공사건**(
null event)이라고 한다. 따라서 전사건은 반드시 일어나는 사건이고,
공사건은 절대로 일어나지 않는 사건이다.

3.1.2 합사건과 곱사건 그리고 배반사건과 여사건

 주사위 한 개를 던지는 시행에서 홀수의 눈이 나오
는 사건을 E_1, 소수의 눈이 나오는 사건을 E_2라고
하면

$$E_1 = \{ 1 , 3 , 5 \}$$
$$E_2 = \{ 2 , 3 , 5 \}$$

이다. 조금 더 복합적인 사건을 생각하여 보자. 던진 주사위 눈이
홀수 또는 소수의 눈이 나오는 사건을 E_3, 홀수이면서 소수의 눈이
나오는 사건을 E_4라고 하면

$$E_3 = \{ 1 , 2 , 3 , 5 \}$$

$$E_4 = \{ 3 , 5 \}$$

이다. 앞에서 구한 네 가지 사건 사이의 연관성은 E_3 사건은 'E_1 사건 또는 E_2 사건이 일어나는 사건'이고 E_4 사건은 'E_1 사건과 동시에 E_2 사건이 일어나는 사건'을 말한다. 이와 같이, E_1 사건 또는 E_2 사건이 일어나는 사건을 E_1 사건과 E_2 사건의 **합사건**(sum event)이라고 하고 E_1 사건과 E_2 사건이 동시에 일어나는 사건을 E_1 사건과 E_2 사건의 **곱사건**(product event)이라고 한다.

표본공간 S의 임의의 두 사건 E_1과 E_2에 대하여, 두 사건의 곱사건이 공사건이 라고 하자. 즉 두 사건 E_1과 E_2가 동시에 일어나지 않을 때, E_1 사건과 E_2 사건은 서로 배반이라고 한다. 이러한 두 사건을 **배반사건**(exclusive events)이라고 한다. 배반사건을 벤다이어 그램을 사용하여 나타내면

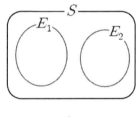

그림 3.1

이다.

또한 임의의 사건 E에 대하여 사건 E가 일어나지 않는 사건을 E의 **여사건**(complement event)이라고 하고 E^c로 나타낸다. 일반적으로 사건 E가 일어나면서 동시에 일어나자 않을 수는 없으므로 사건 E 와 그 여사건 E^c는 $E \cap E^c = \varnothing$ 이므로 서로 배반사건이다.

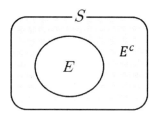

그림 3.2

예제 3.2

정십이면체 도형의 각 면에 1부터 12까지의 숫자가 하나씩 적혀 있다. 이 정이십면체 도형을 던져 윗면에 적힌 수를 읽는 시행에서 12의 약수가 나오는 사건을 E_1, 3의 배수가 나오는 사건을 E_2 라고 하자. 사건 E_1 과 사건 E_2 의 합사건과 곱사건을 구하여라.

[풀이] 표본공간 S 와 사건 E_1 과 사건 E_2 를 각각 구하여 보자.

$$S = \{1, 2, 3, 4, \cdots, 11, 12\}$$
$$E_1 = \{1, 2, 3, 4, 6, 12\}$$
$$E_2 = \{3, 6, 9, 12\}$$

E_1 사건과 E_2 사건의 합사건은

$$E_1 \cup E_2 = \{1, 2, 3, 4, 6, 9, 12\}$$

이고, E_1 사건과 E_2 사건의 곱사건은

$$E_1 \cap E_2 = \{3, 6, 12\}$$

이다.

주사위 한 개를 던지는 시행에서 짝수의 눈이 나오는 사건을 E 라고 할 때, 사건 E 와 배반인 사건을 모두 구하여라.

풀이 표본공간 $S = \{1, 2, 3, 4, 5, 6\}$에 대하여 짝수의 눈이 나오는 사건 E는

$E = \{2, 4, 6\}$ 이다. 사건 E의 여사건은 $E^c = \{1, 3, 5,\}$ 이므로 $E \cap E^c = \varnothing$ 이다. E 사건과 E^c 사건은 서로 배반 사건이므로 E^c 의 부분집합

$\varnothing, \{1\}, \{3\}, \{5\}, \{1, 3\}, \{1, 5\}, \{3, 5\}, \{1, 3, 5\}$

이 사건 E와 배반인 사건들이다.

3.1.3 확률이란?

임의의 사건이 일어날 가능성의 정도를 수치로 표현한 것을 우리는 일반적으로 그 사건이 일어날 **확률**(probability)이라고 한다. 그러므로 사건이 드물게 일어나면 우리는 확률이 낮다고 하고 사건이 자주 일어나면 확률이 높다고 한다.

　주사위 한 개를 던지는 시행에서 홀수의 눈이 나오는 경우를 사건 E라고 하자. 사건 E의 확률의 값을 다음과 같아 단계적으로 추론하여 보자.

- step 1 : 주사위의 눈의 수는 모두 여섯 개이다.
- step 2 : 주사위의 모든 눈은 나올 확률이 같다.

- **step 3** : 주사위의 눈 중에서 홀수의 눈은 1, 3, 5로 세 가지이다.

- **step 4** : 구하는 사건의 확률은 $\frac{3}{6}$이다.

이와 같은 추론의 단계에서 가장 중요한 부분이 step 2이다. 만약 주사위의 각각의 눈이 나올 것으로 기대되는 정도가 모두 다르다면 우리는 앞의 추론 과정을 통하여 확률을 구할 수가 없다. 즉, 임의의 시행에서 각 근원사건이 발생할 가능성이 모두 같다고 생각될 때, 이 근원사건은 같은 정도로 기대된다고 할 수 있다. 앞으로 모든 시행에서는 특별한 조건이 없는 한, 일어날 수 있는 각 근원사건이 발생할 가능성은 같은 정도로 기대된다.

주사위 한 개를 던지는 시행에서 나오는 눈의 수가 어떤 것인지 예측할 수는 없지만 나올 수 있는 눈의 수는

그림 3.3

중에서 어느 하나일 것이다. 하지만 공정하게 만들어진 주사위라면 이들 각 눈의 수가 나올 가능성은 모두 같은 정도로 기대된다. 따라서 각 면이 나올 가능성이 모두 같은 주사위라면 각 눈의 수가 나올 가능성은 모두

$$\frac{1}{6}$$

이다.

이와 같이 임의의 사건 E가 일어날 확률을 $P(E)$라고 나타낸

다. $P(E)$에서 P는 확률을 뜻하는 **Probability**의 첫 글자에서 가져온 것이다.

일반적으로 임의의 시행에서 표본공간 S가 n개의 근원사건으로 이루어져 있고, 각 근원사건이 일어날 가능성이 모두 같은 정도로 기대된다고 하자. 사건 E가 r개의 근원사건으로 이루어져 있으면 사건 E가 일어날 확률 $P(E)$를

$$P(E) = \frac{n(E)}{n(S)} = \frac{r}{n}$$

과 같이 정의하고 **수학적 확률**(mathematical probability)이라고 한다.

예제 3.4

남학생 세 명, 여학생 다섯 명이 원탁에 둘러앉을 때, 남학생 세 명이 이웃할 확률을 구하여라.

[풀이] 한 줄로 설 때는 순열을 이용하고, 원탁에 둘러앉을 때는 원순열을 이용한다. 여덟 명의 학생이 원탁에 둘러앉을 모든 경우의 수는

$$(8-1)! = 7!$$

이다. 남학생 세 명이 이웃하는 경우의 수는 남학생 세 명을 하나로 생각하여 원탁에 앉힌 뒤, 남학생 세 명끼리 자리를 바꾸는 경우의 수와 같으므로

$$(6-1)! \times 3! = 5! \times 3!$$

이다. 따라서 구하려는 확률은

$$\frac{5! \times 3!}{7!} = \frac{1}{7}$$

이다.

다음을 구하여라.

(1) 남학생 세 명과 여학생 다섯 명 중에서 두 명의 대표를 뽑을 때, 남학생 한명과 여학생 한 명을 뽑을 확률을 구하여라.

(2) 학생 다섯 명 S_1, S_2, S_3, S_4, S_5 중에서 세 명의 대표를 선발 할 때, 그 중에 학생 S_5가 포함될 확률을 구하여라.

풀이 (1) 남학생과 여학생을 합쳐 학생 여덟 명 중에서 두 명을 뽑는 방법의 수는

$$_8C_2 = 28(가지)$$

이다. 남학생 세 명 중에서 한 명을 뽑고 그리고 여학생 다섯 명 중에서 한 명을 뽑는 방법의 수는

$$_3C_1 \times {_5C_1} = 3 \times 5 = 15(가지)$$

이다. 따라서 구하려는 확률은

$$\frac{_3C_1 \times {_5C_1}}{_8C_2} = \frac{15}{28}$$

이다.

(2) 다섯 명의 학생 중에서 세 명의 대표를 뽑는 방법의 수는

$$_5C_3 = 10$$

이다. 그 중에서 학생 S_5가 포함되는 방법의 수는 S_5를 제외한 네 명 중에서 두 명의 대표를 선발하는 방법의 수와 같으므로

$$_4C_2 = 6$$

이다. 따라서 구하려는 확률은

$$\frac{_4C_2}{_5C_3} = \frac{6}{10} = \frac{3}{5}$$

이다.

임의의 시행에서 사건 E를 생각하자. 사건 E는 표본공간 S의 부분집합이므로

$$\varnothing \subseteq E \subseteq S$$

이다. 집합의 원소의 개수의 관계도 같으므로

$$0 \leq n(E) \leq n(S)$$

$$\Rightarrow \quad 0 \leq \frac{n(E)}{n(S)} \leq 1$$

$$\Rightarrow \quad 0 \leq P(E) \leq 1$$

한편, 사건 E가 반드시 일어나는 전사건일 때,

$$P(E) = \frac{n(S)}{n(S)} = 1$$

이다. 또 사건 E가 절대로 일어나지 않는 공사건일 때,

$$P(E) = \frac{n(\varnothing)}{n(S)} = 0$$

이다. 이상을 정리하면 다음을 얻을 수 있다.

(1) 임의의 사건 E에 대하여 $0 \leq P(E) \leq 1$

그림 3.4

(2) 전사건 S에 대하여 $P(S) = 1$

(3) 공사건 $\varnothing$에 대하여 $P(\varnothing) = 0$

수학적 확률은 어떤 시행에서 각 근원사건이 일어날 가능성이 모두 같은 정도로 기대된다는 가정 아래에서 정의하였다. 하지만 우리 주변의 여러 가지 현상 중에는 각 근원사건이 일어날 가능성이 모두 같은 정도로 기대된다고 생각하기 어려운 경우들이 많다.

예를 들면 명절에 가족들이 모여 하는 윷놀이의 윷짝은 동전의 앞·뒤 면이 대칭인 모양이 아니므로 평평한 면이 나오는 사건이 일어날 가능성과 둥근면이 나오는 사건이 일어날 가능성이 같다고 할 수 없다.

이와 같은 경우에는 똑 같은 시행을 여러 번 반복하여 얻은 결과

를 관찰하여 전체적인 경향을 예측할 수밖에 없다.

동전 한 개를 던져서 앞면이 나오는 상대도수의 그래프가 그림 3.5와 같다고 하자. 시행 횟수를 충분히 크게 하면 상대도수는 특정한 값 0.5에 한없이 가까워짐을 알 수 있다.

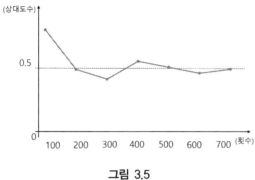

그림 3.5

일반적으로 임의의 시행을 n 번 반복할 때, 사건 E 가 r_n 번 일어난다고 하자. 이 시행에서 시행 횟수 n 을 무한히 크게 하면, 상대도수 $\dfrac{r_n}{n}$ 이 특정한 값 p 에 가까워지면 이 특정한 값 p 를 사건 E 의 **통계적 확률**(statistical probability)이라고 한다. 하지만 앞에서 말하였듯이 우리 주변의 여러 가지 현상 중에서는 시행 횟수 n 을 무한히 크게 할 수 없으므로 시행 횟수 n 이 충분히 클 때의 상대도수 $\dfrac{r_n}{n}$ 을 일반적으로 그 사건의 통계적 확률로 본다. 즉, 사건 E 의 통계적 확률 $P(E)$ 는

$$P(E) = \lim_{n \to \infty} \frac{r_n}{n}$$

이다.

예제 3.6

다음 표 3.1은 어느 해 대한민국에서 출생한 남녀 각 십만 명 중에서 각 연령까지 생존 가능한 사람의 수를 나타낸 생명표의 일부이다. 다음을 구하여라. (단, 반올림하여 소수 둘째 자리까지 구하여라.)

(1) 십 세의 남자가 앞으로 50년간 생존할 확률을 구하여라.

(2) 육십 세의 여자가 앞으로 20년간 생존할 확률을 구하여라.

표 3.1

연령(세)	남자(명)	여자(명)
0	100000	100000
10	99516	99609
20	99263	99462
30	98632	99099
40	97595	98502
50	95063	97441
60	89363	95428
70	78007	90595
80	52508	75167

풀이 (1) 십 세의 남자 99516명이 50년 후, 육십 세가 될 때는 89363명이 되므로 구하려는 확률은

$$\frac{89363}{99516} = 0.8979762\cdots = 0.90$$

이다.

(2) 육십 세의 여자 95428명이 20년 후, 팔십 세가 될 때는 75167명이 되므로 구하려는 확률은

$$\frac{75167}{95428} = 0.787682\cdots = 0.79$$

이다.

수학적 확률에서는 표본공간과 사건이 모두 원소나열법으로 표현이 가능한 경우였다. 하지만 다음과 같이 수직선 위에 길이가 5

인 선분 $\overline{AB}$ 가 있고, 이 선분 위에 길이가 3인 선분 $\overline{CD}$ 가 있다고 하자. 선분 $\overline{AB}$ 위의 임의의 점 P 가 선분 $\overline{CD}$ 위에 있을 확률 p 를 구하여보자.

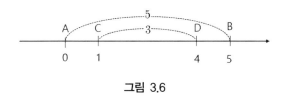

그림 3.6

이 경우 표본공간 S 는

$$S = \{x \mid 0 \leq x \leq 5\}$$

이고, 선분 $\overline{AB}$ 위의 임의의 점 P 가 선분 $\overline{CD}$ 위에 있을 경우를 집합 E 로 나타내면

$$E = \{x \mid 1 \leq x \leq 4\}$$

이다.

수학적 확률의 정의에 의하면 확률 p 의 값을 구하기 위해서는 표본공간의 개수와 집합 E 의 개수를 구하여야 한다. 하지만 두 집합 S 와 E 모두 원소나열법으로는 나타낼 수 없는 무수히 많은 집합들 이므로 원소의 개수를 구할 수 없다. 이런 경우에는 각 집합의 개수 대신에 각 집합이 나타내는 길이를 사용하여 확률 p 를 다음과 같이 구한다.

$$p = \frac{\overline{CD}\,\text{의 길이}}{\overline{AB}\,\text{의 길이}} = \frac{3}{5}$$

이와 같이 넓이, 시간, 길이 등과 같이 경우의 수가 무한히 많아서 그 수를 정확히 측정하기가 불가능한 경우에 확률은 다음과 같이 구하고 이런 확률을 **기하학적 확률**(geometrical probability)이라고 한다.

연속적인 변량을 크기로 갖는 표본공간의 영역 S 안에서 각각의 점을 잡을 가능성이 같은 정도로 기대될 때, 영역 S에 포함되어 있는 영역 E에 대하여 영역 S에서 임의로 잡은 점이 영역 E에 포함될 확률

$$P(E) = \frac{\text{영역 } E \text{의 크기}}{\text{영역 } S \text{의 크기}}$$

이다.

예제 3.7

CD대학에서는 매시 15분, 30분, 50분에 학교에서 셔틀 버스를 출발시켜 학생들에게 편의를 제공하고 있다. 출발 시간을 모르는 이웃 대학 학생이 CD대학을 방문하였다가 용무를 마친 후에 우연히 셔틀버스를 탈 때까지 기다리는 시간이 5분 이내일 확률을 구하여라.

[풀이] 다음 그림 3.7에서 셔틀버스를 기다리는 시간이 5분 이내인 곳은 수직선 위에 굵게 칠한 부분이다.

그림 3.7

따라서 구하려는 확률은

$$\frac{15}{60} = \frac{1}{4}$$

이다.

01 무늬가 없는 공 8개와 줄무늬가 있는 공 7개의 공을 당구대의 포켓에 넣는 게임을 포켓볼이라고 한다. 포켓볼에서 임의로 5개의 공을 포켓에 넣었을 때, 남아있는 무늬가 없는 공과 줄무늬가 있는 공의 개수가 서로 같을 확률을 구하여라.

02 Y와 J를 포함한 7명의 사람이 7인승 승용차에 임의로 자리를 정하여 앉고 여행을 간다. 이 여행에서 Y와 J가 서로 이웃하여 앉을 확률을 구하여라.(단, 7명 모두는 7인승 승용차를 운전할 수 있다.)

3.2 확률의 계산

3.2.1 확률의 덧셈정리와 여사건의 확률

표본공간의 각 근원사건이 일어날 가능성이 모두 같은 정도로 기대될 때, 두 사건 E_1과 E_2에 대하여 사건 E_1 또는 사건 E_2가 일어날 확률을 구하여 보자.

표본공간 S의 임의의 두 사건 E_1과 E_2에 대하여

$$n(E_1 \cup E_2) = n(E_1) + n(E_2) - n(E_1 \cap E_2)$$

$$\Rightarrow \frac{n(E_1 \cup E_2)}{n(S)} = \frac{n(E_1)}{n(S)} + \frac{n(E_2)}{n(S)} - \frac{n(E_1 \cap E_2)}{n(S)}$$

$$\Rightarrow P(E_1 \cup E_2) = P(E_1) + P(E_2) - P(E_1 \cap E_2)$$

이 성립한다.

두 사건 E_1과 E_2가 서로 배반사건이면

$$P(E_1 \cap E_2) = 0$$

이므로

$$P(E_1 \cup E_2) = P(E_1) + P(E_2)$$

이다.

예제 3.8

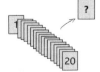

다음을 구하여라.

(1) 1부터 20까지의 자연수가 하나씩 적힌 스무 장의 카드 중에서 한 장의 카드를 뽑을 때, 2의 배수 또는 3의 배수가 적힌 카드가 나올 확률을 구하여라.

(2) 흰 공이 세 개, 붉은 공이 네 개, 검은 공이 두 개가 들어 있는 주머니에서 두 개의 공을 동시에 꺼낼 때, 두 개 모두 같은 색의 공이 나올 확률을 구하여라.

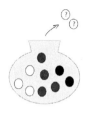

[풀이] (1) 2의 배수인 사건을 E_1, 3의 배수인 사건을 E_2 라고 하면

$$E_1 = \{\, 2\,,\, 4\,,\, 6\,,\, 8\,,\, 10\,,\, 12\,,\, 14\,,\, 16\,,\, 18\,,\, 20 \,\}$$

$$E_2 = \{\, 3\,,\, 6\,,\, 9\,,\, 12\,,\, 15\,,\, 18 \,\}$$

$$E_1 \cap E_2 = \{\, 6\,,\, 12\,,\, 18 \,\}$$

이다. 따라서 $n(E_1) = 10$, $n(E_2) = 6$, $n(E_1 \cap E_2) = 3$ 이므로,

$$
\begin{aligned}
P(E_1 \cup E_2) &= P(E_1) + P(E_2) - P(E_1 \cap E_2) \\
&= \frac{10}{20} + \frac{6}{20} - \frac{3}{20} = \frac{13}{20}
\end{aligned}
$$

이다.

(2) 모두 흰 공인 사건을 E_1, 모두 붉은 공인 사건을 E_2, 모두 검은 공인 사건을 E_3 라고 하면

$$P(E_1) = \frac{{}_3C_2}{{}_9C_2}, \quad P(E_2) = \frac{{}_4C_2}{{}_9C_2}, \quad P(E_3) = \frac{{}_2C_2}{{}_9C_2}$$

이다. 세 가지 사건 E_1, E_2, E_3 는 동시에 발생하지 않으므로 서로 배반사건이다.

따라서 구하는 확률은

$$
\begin{aligned}
P(E_1 \cup E_2 \cup E_3) &= P(E_1) + P(E_2) + P(E_3) \\
&= \frac{{}_3C_2}{{}_9C_2} + \frac{{}_4C_2}{{}_9C_2} + \frac{{}_2C_2}{{}_9C_2}
\end{aligned}
$$

$$= \frac{10}{36}$$

이다.

표본공간 S 의 임의의 사건 E 와 그 여사건 E^c 에 대하여

$$n(E) + n(E^c) = n(S)$$

이다. 식의 양변을 $n(S)$로 나누면

$$\frac{n(E)}{n(S)} + \frac{n(E^c)}{n(S)} = 1$$

이다. 따라서 $P(E)\, P(E^c) = 1$ 이므로

$$P(E^c) = 1 - P(E)$$

이다. 참고로 문장 중에 '적어도 ~인'이라는 문구가 들어간 사건의 확률을 구하는 문제는 여사건의 확률을 이용하면 쉽게 구할 수 있다. 즉, 다음과 같은 공식을 유추할 수 있다.

('적어도 ~인' 사건의 확률) = 1 − (반대인 사건의 확률)

예제 3.9

열 개의 제비 중에는 네 개의 당첨 제비가 들어있는 추첨 상자에서 임의로 네 개의 제비를 동시에 꺼낼 때, 적어도 한 개가 당첨 제비일 확률을 구하여라.

[풀이] '적어도 한 개가 당첨 제비인 사건'의 여사건은 '네 개 모두 당첨 제비가 아닌 사건'이다. 두

개 모두 당첨 제비가 아닐 확률은

$$\frac{_8C_4}{_{10}C_4} = \frac{1}{3}$$

따라서 적어도 한 개가 당첨 제비일 확률은

$$1 - \frac{1}{3} = \frac{2}{3}$$

이다.

3.2.2 조건부확률과 확률의 곱셈정리

지금까지 임의의 사건의 확률을 구할 때 표본공간 전체에 대한 각 사건의 비율을 계산하였다. 사건의 크기 $n(E)$를 표본공간의 크기 $n(S)$로 나누었다. 이것은 사건 E가 일어날 확률을 표본공간 전체를 기준으로 생각했기 때문이다. 그런데 두 개의 사건이 서로 어떠한 영향을 미치는지 조사할 때에는 표본공간 전체를 기준으로 확률을 생각하기보다는 어떤 사건을 기준으로 확률을 생각하는 것이 편리할 때가 있다.

다음 표는 모 학과의 신입생 70명의 성별 혀말기 유전형질의 유무를 조사한 표이다.

표 3.2

	E_2(혀말기 가능)	$E_2{}^c$(혀말기 불가능)	Tot.
E_1 (남)	25	25	50
$E_1{}^c$ (여)	25	15	40
Tot.	50	40	90

어떤 학생이 혀말기를 할 수 있는 확률은 얼마인지 구하여 보자. 어떤 학생이 혀말기를 할 수 있는 사건 E_2의 확률은

$$P(E_2) = \frac{\text{혀말기를 할 수 있는 학생의 수}}{\text{모 학과의 신입생 수}}$$

$$= \frac{25 + 25}{70} = \frac{50}{70} = \frac{5}{7}$$

이다. 이번에는 임의로 뽑은 한 명의 학생이 남자였을 때, 그 학생이 혀말기를 할 수 있는 확률을 구하여 보자. 임의로 뽑힌 한 명의 학생이 남학생일 사건을 E_1이라고 할 때, 그 학생이 혀말기를 할 수 있을 확률은 전체 남학생의 수 중 혀말기를 할 수 있는 남학생의 수의 비율이므로

$$\frac{n(E_1 \cap E_2)}{n(E_1)} = \frac{25}{50} = \frac{1}{2} \qquad \cdots ⑥$$

이다.

이것은 앞에서 구한 학생이 혀말기를 할 수 있을 확률 $\frac{5}{7}$과는 다르므로 성별이 혀말기를 할 수 있는가의 여부에 영향을 미치는 요인이 된다. 식 ⑥은 사건 E_1을 새로운 표본공간으로 생각하고 사건 E_1에서 사건 $E_1 \cap E_2$가 일어날 확률을 의미한다.

이와 같이 표본공간 S의 공집합이 아닌 사건 E_1과 사건 E_2에 대하여 사건 E_1이 일어났을 때, 사건 E_2가 일어날 확률을 사건 E_1이 일어났을 때의 사건 E_2의 **조건부확률**(conditional probability)이라고 하며

$$P(E_2 \,|\, E_1)$$

으로 나타낸다.

조건부확률을 벤 다이어그램으로 나타내어보자.

(i) 사건 E_2 가 일어날 확률

$$P(E_2) = \frac{\text{사건 } E_2 \text{가 일어나는 경우의 수}}{\text{일어날 수 있는 모든 경우의 수}} = \frac{n(E_2)}{n(S)}$$

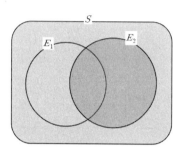

그림 3.7

(ii) 사건 E_1 이 일어났을 때의 사건 E_2 의 조건부확률

$$P(E_2 | E_1)$$

$$= \frac{\text{사건 } E_1 \text{과 사건 } E_2 \text{가 동시에 일어나는 경우의 수}}{\text{사건 } E_1 \text{이 일어나는 모든 경우의 수}}$$

$$= \frac{n(E_2 \cap E_2)}{n(E_1)}$$

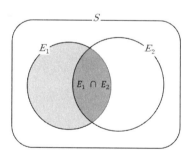

그림 2.8

경우의 수가 아닌 확률을 이용하여 조건부확률을 구하여 보자.

표본공간 S에서 사건 E_1이 일어났을 때의 사건 E_2의 조건부확률은

$$
\begin{aligned}
P(E_2 \mid E_1) &= \frac{n(E_1 \cap E_2)}{n(E_1)} \\
&= \frac{\dfrac{n(E_1 \cap E_2)}{n(S)}}{\dfrac{n(E_1)}{n(S)}} \\
&= \frac{P(E_1 \cap E_2)}{P(E_1))}
\end{aligned}
$$

이다. 또 표본공간 S 에서 사건 E_2 이 일어났을 때의 사건 E_1 의 조건부확률은

$$
\begin{aligned}
P(E_1 \mid E_2) &= \frac{n(E_1 \cap E_2)}{n(E_2)} \\
&= \frac{\dfrac{n(E_1 \cap E_2)}{n(S)}}{\dfrac{n(E_2)}{n(S)}} \\
&= \frac{P(E_1 \cap E_2)}{P(E_2)}
\end{aligned}
$$

이다.

모 대학의 생활통계 교과목의 수강을 대상으로 생활통계 1분반과 생활통계 2분반을 신청한 수강생 수를 조사한 결과는 다음과 같다. 이 수강생 중에서 임의로 선택한 한 명이 여학생일 때, 이 수강생이 생활통계 1분반을 선택한 학생일 확률을 구하여라.

표 2.3

	남학생	여학생
1분반	25	5
2분반	40	50

[풀이] 생활통계 교과목 수강생 중 임의로 선택한 한 명의 수강생이 여학생일 사건을 E_1, 1분반을 선택한 수강생일 사건을 E_2라고 하면 구하는 확률은

$$P(E_2 | E_1) = \frac{P(E_1 \cap E_2)}{P(E_1)}$$

이다. 전체 수강생의 수는 25 + 5 + 40 + 50 = 120(명)이고 여학생의 수는 5 + 50 = 55(명) 이므로

$$P(E_1) = \frac{55}{120} = \frac{11}{24}$$

1분반을 수강한 여학생 수는 5명이므로

$$P(E_1 \cap E_2) = \frac{5}{120} = \frac{1}{24}$$

이다. 따라서

$$P(E_2 | E_1) = \frac{P(E_1 \cap E_2)}{P(E_1)} = \frac{1}{11}$$

이다.

조건부확률

$$P(E_2 | E_1) = \frac{P(E_1 \cap E_2)}{P(E_1)}$$

의 양변에 $P(E_1)$을 곱하면

$$P(E_1 \cap E_2) = P(E_1) \cdot P(E_2 | E_1)$$

이 성립한다. 마찬가지로 $P(E_1 | E_2)$에 대하여도

$$P(E_1 \cap E_2) = P(E_2) \cdot P(E_1 | E_2)$$

이 성립한다.

예제 3.11

프로야구 T팀은 비가 내릴 때 경기에서 이길 확률이 0.4 이고, 비가 오지 않을 때 경기에서 이길 확률은 0.6이라고 한다. 내일 비가 내릴 확률이 0.4일 때, 이 팀이 내일 경기 에서 이길 확률을 구하여라.

[풀이] 내일 비가 내리는 사건을 E_1, 내일 경기에서 이기는 사건을 E_2 라고 하면 내일 비가 내리지 않는 사건은 $E_1{}^c$ 이다.

$$P(E_1) = 0.4, \quad P(E_1{}^c) = 1 - 0.4 = 0.6,$$

$$P(E_2 | E_1) = 0.4, \quad P(E_2 | E_1{}^c) = 0.6$$

따라서 구하는 확률은

$$\begin{aligned} P(E_2) &= P(E_1 \cap E_2) + P(E_1{}^c \cap E_2) \\ &= P(E_1) \cdot P(E_2 | E_1) + P(E_1{}^c) \cdot P(E_2 | E_1{}^c) \\ &= 0.4 \times 0.4 + 0.6 \times 0.6 \end{aligned}$$

$$= 0.0576$$

이다.

___

3.2.3 사건의 독립과 종속

주사위 한 개를 던지는 시행에서 홀수의 눈이 나오는 사건을 E_1, 1 또는 2의 눈이 나오는 사건을 E_2 라고 하면 표본공간 $S = \{1, 2, 3, 4, 5, 6\}$이고 사건 $E_1 = \{1, 3, 5\}$, 사건 $E_2 = \{1, 2\}$이다. $E_1 \cap E_2 = \{1\}$ 이므로

$$P(E_1) = \frac{3}{6} = \frac{1}{2}$$

$$P(E_1 | E_2) = \frac{P(E_1 \cap E_2)}{P(E_2)} = \frac{\frac{1}{6}}{\frac{1}{3}} = \frac{1}{2}$$

이므로 사건 E_2 가 일어나더라도 사건 E_1 의 확률이 일정함을 알수 있다.

또 사건 E_2 가 일어나지 않을 때의 사건 E_1 의 조건부확률을 구하면

$$P(E_1 | E_2{}^c) = \frac{P(E_1 \cap E_2{}^c)}{P(E_2{}^c)} = \frac{\frac{1}{3}}{\frac{2}{3}} = \frac{1}{2}$$

이므로 사건 E_1 의 확률과 같다. 따라서 사건 E_2 가 일어나거나 일어나지 않거나 사건 E_1 의 확률이 일정하므로 사건 E_2 는 사건 E_1에 영향을 미치지 않는다고 할 수 있다. 즉,

$$P(E_1) = P(E_1 | E_2) = P(A_1 | E_2{}^c)$$

이다. 이와 같이 사건 E_2 가 일어나는 것에 상관없이 사건 E_1 의 확률이 일정할 때, 두 사건 E_1 과 E_2는 서로 **독립**(mutually independent) 이라고 하고 서로 독립인 두 사건을 **독립사건**(independent event)이라고 한다. 이는 어느 한 사건이 다른 사건이 일어날 확률에 영향을 미치지 않는다는 것이다.

또, 두 사건 E_1 과 E_2 가 서로 독립이 아닐 때, 두 사건은 서로 **종속**(mutually dependence)이라고 한다.

한편, 두 사건 E_1 과 E_2 가 서로 독립이면 확률의 곱셈정리에 의하여

$$P(E_1 \cap E_2) = P(E_1) \cdot P(E_2 \,|\, E_1) = P(E_1) \cdot P(E_2)$$

가 성립한다.

역으로 $P(E_1 \cap E_2) = P(e_1) \cdot P(E_2)$ 이고 $P(E_1) \neq 0$이면

$$P(E_2 \,|\, E_1) = \frac{P(E_1 \cap E_2)}{P(E_1)} = \frac{P(E_1) \cdot P(E_2)}{P(E_1)} = P(E_2)$$

이므로 두 사건 E_1 과 E_2 는 서로 독립이다.

예제 3.12

모 대학 체육관에 들어가는 출입문은 중앙현관, 동쪽 출입문, 남쪽 출입문 세 군데이다. 다섯 사람이 각각 세 군데 출입문 중에서 임의로 한 출입문을 선택하여 체육관에 들어갈 때, 적어도 한 사람이 출입문 중앙현관을 통하여 들어갈 확률을 구하여라.

[풀이] 적어도 한 사람이 중앙현관을 통하여 체육관에 들어가는 사건의 여사건은 어느 한 사람도 중앙현관을 통하지 않고 체육관에 들어가는 사건이다. 다섯 사람이 각각 중앙현관을 사

용하지 않을 확률은 $\dfrac{2}{3}$ 이다.

따라서 다섯 사람이 모두 중앙현관을 이용하지 않을 확률은

$$\dfrac{2}{3} \times \dfrac{2}{3} \times \dfrac{2}{3} \times \dfrac{2}{3} \times \dfrac{2}{3} = \dfrac{32}{243}$$

이므로 구하는 확률은

$$1 - \dfrac{32}{243} = \dfrac{211}{243}$$

이다.

주사위나 동전을 여러 번 던지는 경우와 같이 각각 동일한 조건으로 반복되고 다른 시행의 결과에 영향을 받지 않는 시행을 **독립시행**(independent trial)이라고 한다.

한 개의 주사위를 다섯 번 던지는 독립시행에서 5의 눈이 두 번 나올 확률을 구하여 보자. 주사위를 다섯 번 던지는 시행에서 각각의 시행은 다른 시행의 결과에 영향을 주지 않는다. 이때, 각 시행에서 5의 눈이 나올 확률은 $\dfrac{1}{6}$ 이고, 5의 눈이 나오지 않을 확률은 $\dfrac{5}{6}$ 이다. 한편, 주사위를 다섯 번 던져 5의 눈이 두 번 나오는 경우의 수는 $_5C_2 = 10$(가지)이고 각 경우의 확률은 모두

$$\dfrac{1}{6} \times \dfrac{1}{6} \times \dfrac{5}{6} \times \dfrac{5}{6} \times \dfrac{5}{6} = \left(\dfrac{1}{6}\right)^2 \times \left(\dfrac{5}{6}\right)^3$$

이다. 그리고 이들은 서로 배반사건이므로 구하는 확률은

$$\left\{\left(\dfrac{1}{6}\right)^2 \times \left(\dfrac{5}{6}\right)^3\right\} + \left\{\left(\dfrac{1}{6}\right)^2 \times \left(\dfrac{5}{6}\right)^3\right\} + \cdots + \left\{\left(\dfrac{1}{6}\right)^2 \times \left(\dfrac{5}{6}\right)^3\right\}$$

$$= \left(\frac{1}{6}\right)^2 \times \left(\frac{5}{6}\right)^3 \times {}_5C_2$$

$$= {}_5C_2 \times \left(\frac{1}{6}\right)^2 \times \left(\frac{5}{6}\right)^3$$

이다.

표 2.4

1회	2회	3회	4회	5회	확률
⚄	⚄	×	×	×	$\left(\frac{1}{6}\right)^2 \times \left(\frac{5}{6}\right)^3$
⚄	×	⚄	×	×	$\left(\frac{1}{6}\right)^2 \times \left(\frac{5}{6}\right)^3$
⚄	×	×	⚄	×	$\left(\frac{1}{6}\right)^2 \times \left(\frac{5}{6}\right)^3$
⚄	×	×	×	⚄	$\left(\frac{1}{6}\right)^2 \times \left(\frac{5}{6}\right)^3$
×	⚄	⚄	×	×	$\left(\frac{1}{6}\right)^2 \times \left(\frac{5}{6}\right)^3$
×	⚄	×	⚄	×	$\left(\frac{1}{6}\right)^2 \times \left(\frac{5}{6}\right)^3$
×	⚄	×	×	⚄	$\left(\frac{1}{6}\right)^2 \times \left(\frac{5}{6}\right)^3$
×	×	⚄	⚄	×	$\left(\frac{1}{6}\right)^2 \times \left(\frac{5}{6}\right)^3$
×	×	⚄	×	⚄	$\left(\frac{1}{6}\right)^2 \times \left(\frac{5}{6}\right)^3$
×	×	×	⚄	⚄	$\left(\frac{1}{6}\right)^2 \times \left(\frac{5}{6}\right)^3$

독립시행의 확률을 이용하면 임의의 독립시행을 n회 반복했을 때, 사건 E가 r회 일어날 확률을 구할 수 있다. 매회의 시행에서 사건 E가 일어날 확률이 p로 일정할 때, 사건 E가 r회 일어나면 사건 E가 $(n-r)$회 일어나지 않으므로 $p^r(1-p)^{n-r}$이라는 확률을 가지게 된다. 이 경우 이러한 경우가 ${}_nC_r$ 가지가 있으므로 구하려는 확률은

$$_nC_r\, p^r(1-p)^{n-r} \quad (\text{단},\ r=0,1,2,\cdots,n)$$

이다.

점토로 구워 만든 접시를 쏘아 올려 산탄총으로 하나 씩 사격하여 쏘아올린 접시를 깨뜨리는 클레이 사격 의 평균 명중률이 $\dfrac{2}{3}$인 선수가 네 발을 쏘아 세 발 이 상 명중시킬 확률을 구하여라.

[풀이] 이 선수의 평균 명중률이 $\dfrac{2}{3}$이므로 각 시행 에서 명중시킬 확률은 $\dfrac{2}{3}$이고 명중시키지 못할 확률은 $\dfrac{1}{3}$ 이다. 네 발 중 세 발을 명중시킬 확률은

$$_4C_3\left(\frac{2}{3}\right)^3\left(\frac{1}{3}\right)^1$$

이다. 네 발 모두 명중시킬 확률은

$$_4C_4\left(\frac{2}{3}\right)^4\left(\frac{1}{3}\right)^0$$

이다. 따라서 확률의 덧셈정리에 의하여 구하려는 확률은

$$_4C_3 \left(\frac{2}{3}\right)^3 \left(\frac{1}{3}\right)^1 + {}_4C_4 \left(\frac{2}{3}\right)^4 \left(\frac{1}{3}\right)^0$$

$$= \frac{32}{81} + \frac{16}{81}$$

$$= \frac{16}{27}$$

이다.

01 A 와 B 두 학과가 연합하여 구성한 어느 동아리 회원의 구성이 다음 표와 같다. 이 회원 중에서 임의로 2명의 대표를 뽑을 때, 여학생이 포함되거나 2학년 학생이 포함될 확률을 구하여라.

	남학생	여학생	합계
A 학과	3	7	10
B 학과	2	8	10
합계	5	15	20

02 프로야구 L구단의 C 타자는 D구단의 A 투수와 대결할 때, 안타를 칠 확률은 $\frac{1}{4}$이고 B 투수와 대결할 때 안타를 칠 확률은 $\frac{1}{3}$이라고 한다. 한 경기에서 C 타자가 A 투수와 2번 대결하고 B 투수와 1번 대결한다고 할 때, 이날 3번의 대결에서 2번 이상 안타를 치고 출루할 확률을 구하여라.

4

통계

4.1 확률분포

4.1.1 이산확률변수와 확률분포

한 개의 동전을 던지는 시행에서 동전의 앞면을 H, 뒷면을 T로 나타낼 때, 표본공간

$$S = \{\, H,\, T \,\}$$

이다.

그림 4.1

표본공간 S 에서 실수 R 로의 다음과 같은 함수 X 를 생각하자. 이와 같은 함수 X 를

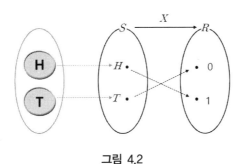

그림 4.2

확률변수(probability variable)라고 한다. 확률변수는 보통 알파벳 대문자 X, Y, Z 등으로 나타내고, 확률변수가 가지는 값은 알파벳

소문자 x, y, z 등으로 나타낸다.

또, 확률변수가 가지는 값을 셀 수 있을 때 그 확률변수를 **이산확률변수**(discrete probability variable)라고 하고, 셀 수 없을 때 그 확률변수를 **연속확률변수**(continuous probability variable)라고 한다. 연속확률변수는 보통 어떤 범위의 모든 실수값을 가진다.

예제 4.1

한 개의 동전을 두 번 던지는 시행에서 앞면이 나오는 횟수를 확률변수 X 라고 하자.

(1) 확률변수 X 가 가질 수 있는 모든 값을 구하여라.

(2) 확률변수 X 가 (1)에서 구한 각 값을 가질 수 있는 확률을 구하여라.

[풀이] (1) 한 개의 동전을 두 번 던지는 시행에서 표본공간 S는

$$S = \{(H, H), (H, T), (T, H), (T, T)\}$$

이다. 표본공간 S의 각 원소에 대응하는 확률변수 X는 각각 2, 1, 1, 0 이다.

따라서 확률변수 X 가 가질 수 있는 값은 0, 1, 2이다.

(2) 확률변수 X 의 값이 0, 1, 2일 때의 확률은 각각 $\dfrac{1}{4}$, $\dfrac{2}{2}$, $\dfrac{1}{4}$ 이다.

확률변수 X가 가지는 값이 유한개 이거나 자연수와 같이 셀 수 있을 때, 확률변수 X를 이산확률변수라고 한다. 이산확률변수 X 가 가지는 어떤 값 x 에 대응하는 확률을 기호로

$$P(X = x)$$

로 나타낸다.

이산확률변수 X 가 가지는 모든 값 x_1, x_2, $\cdots$, x_n에 그 값을 가질 확률

$$P(X = x_i) \quad (i = 1, 2, \cdots, n)$$

이 각각 대응할 때, 이 대응을 이산확률변수 X의 **확률분포**(probability distribution)라고 한다. 확률변수 X의 확률분포를 표와 그래프로 나타내면 다음과 같다.

표 4.1

X	x_1	x_2	$\cdots$	x_i	$\cdots$	x_n	Tot.
$P(X = x_i)$	p_1	p_2	$\cdots$	p_i	$\cdots$	p_n	1

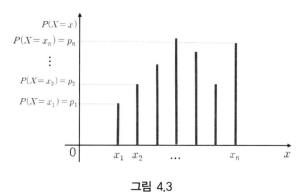

그림 4.3

또, X의 확률분포를 나타내는 함수

$$P(X = x) \quad (x = x_1, x_2, \cdots, x_n)$$

를 이산확률변수 X의 **확률질량함수**(probability mass function)라고 한다.

한편, 확률변수 X 가 a 이상 b 이하의 값을 가질 확률을

$$P(a \leq X \leq b)$$

로 나타낸다. 이 확률은 $x_i \in \{ x \mid a \leq x \leq b \}$인 모든 $P(X = x_i)$의 합 이다. 따라서

(1) $0 \leq P(X = x) \leq 1$ (단, $x = x_1, x_2, \cdots, x_n$)

(2) $\displaystyle\sum_{i=1}^{n} P(X = x_i) = 1$

예제 4.2

예제 4.1에서 확률변수 X 의 확률분포를 표와 그래프로 나타내어라.

[풀이] 예제 4.1에서 확률변수 X가 가질 수 있는 값은 0, 1, 2 이고, 확률변수 X값이 0, 1, 2 일 때의 확률은 각각 $\dfrac{1}{4}, \dfrac{1}{2}, \dfrac{1}{4}$ 이다. 따라서,

$$P(X = 0) = \frac{1}{4}, \ P(x = 1) = \frac{1}{2}, \ P(X = 2) = \frac{1}{4}$$

이다. 이것을 확률분포표와 그래프로 나타내면

표 4.2

X	0	1	2	Tot.
$P(X = x)$	$\dfrac{1}{4}$	$\dfrac{1}{2}$	$\dfrac{1}{4}$	1

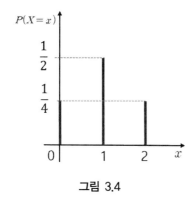

그림 3.4

4.1.2 연속확률변수와 확률분포

이산확률변수는 확률변수 X가 가지는 값이 유한개 이거나 자연수와 같이 셀 수 있는 경우이다. 하지만 하루 동안 온도가 최저 23℃에서 최고 32℃까지 온도계의 수은주의 높이를 확률변수 X라고 하면, 확률변수 X가 가질 수 있는 값은 닫힌구간 [23, 32] 안의 모든 실수이다. 이와 같이 확률변수 X 의 값이 셀 수 있는 특정한 값이 아니라 구간으로 나타내는 경우를 생각해야 할 필요가 있다.

온도계의 수은주의 높이, 지하철역에서 기다리는 시간, 새로 교체한 도서관 전구의 수명 등과 같은 변수의 값이 어떤 구간인 경우를 생각 할 수 있다. 온도계 수은주의 높이나 지하철 기다리는 시간은 유한구간이고, 전구의 수명은 무한구간이다.

확률변수 X 의 값이 유한구간 $[a\,,\,b]\,,\,(a\,,\,b)$ 이거나 무한구간 $[a\,,\,\infty)\,,\,(-\infty\,,\,\infty)$인 확률변수를 **연속확률변수**(continuous random variable)라고 한다.

다음 그림은 성인 남자의 몸무게와 같이 구간으로 나타나는 자료에 대한 상대도수 히스토그램이다. 조사한 자료의 수를 늘이면 히스토그램의 계급간격은 줄어들고 계급의 수는 늘어난다. 히스토그램의 특성 상 모든 직사각형의 넓이의 합은 전체 확률의 값이므로 1 이다. 특히 조사한 성인 남자들 중에서 임의로 뽑은 사람의 몸무게가 60kg 이상 70kg 이하일 확률은 그림 3.5의 색칠한 부분의 넓이다.

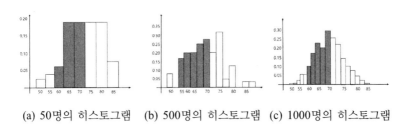

(a) 50명의 히스토그램　(b) 500명의 히스토그램　(c) 1000명의 히스토그램

그림 3.5

이와 같이 특정구간으로 주어지는 측정값의 개수를 늘이면 계급간격은 조밀해지고 상대도수 히스토그램은 그림 4.6과 같은 곡선의 형태에 근접한다. 또 구하고자 하는 확률은 이 곡선의 색칠한 부분의 넓이와 같다.

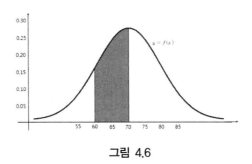

그림 4.6

그림 4.6의 곡선을 나타내는 함수 $f(x)$의 그래프는 항상 x축 위에 있다. 또 모든 상대도수의 합은 1이므로 함수 $f(x)$와 x축으로 둘러싸인 부분의 넓이는 1이다. 그림 4.6과 같이 음이 아닌 함수 $f(x)$가 다음의 조건을 만족하면 이 함수를 연속확률변수 X의 **확률밀도함수**(probability density function)라고 한다.

$$\int_{-\infty}^{\infty} f(x)\, dx = 1$$

임의의 실수 a, b $(a < b)$에 대하여, 확률 $P(a \leq X \leq b)$은 $x = a$ 와 $x = b$ 그리고 x축과 확률밀도함수 $f(x)$로 둘러싸인 부분의 넓이이다. 즉

$$P(a \leq X \leq b) = \int_{a}^{b} f(x)\, dx$$

이다.

연속확률분포 X에 대한 분포함수는

$$P(X \leq x) = \int_{-\infty}^{x} f(t)\, dt$$

이고 연속함수 X에 대한 분포함수는 무한구간 $(-\infty, x]$에서 확률밀도함수 $f(x)$의 정적분값과 같다. 연속확률변수 X의 분포는 임의의 실수 x보다 작거나 같은 영역에서 함수 $f(x)$로 둘러싸인 부분의 넓이이다.

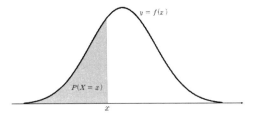

그림 4.7

또 분포함수는 모든 점에서 연속이고 일반적으로 알파벳 S자 모양을 이룬다.

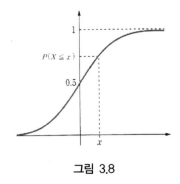

그림 3.8

임의의 두 실수 a, $b(a < b)$에 대하여 분포함수를 이용하여 다음의 확률을 구할 수 있다.

(1) $P(X \geq a) = 1 - P(X < a)$

(2) $P(a \leq X \leq b) = P(a < X \leq b) = P(a \leq X < b)$
$$= P(a < X < b)$$

연속확률변수 X 의 분포함수가 $P(X \leq x) = 1 + e^{2x}$, $x > 0$ 일 때 다음을 구하여라.

(1) 확률밀도함수 $f(x)$ (2) $P(X > 2)$ (3) $P(1 < X \leq 2)$

풀이   (1) 연속확률변수 X의 확률밀도함수 $f(x)$는 다음과 같이 분포함수 $1 + e^{2x}$ 을 미분하여 얻는다.

$$f(x) = \frac{d}{dx}(1 + e^{2x}) = 2e^{2x} \ , \ x > 0$$

(2) $P(X > 2) = 1 - P(X \leq 2) = 1 - (1 + 2e^4) = 2e^4$

(3) $P(1 < X \leq 2) = P(X \leq 2) - P(X < 1)$
$$= (1 + e^4) - (1 + e^2) = e^4 - e^2$$

4.1.3 확률변수의 평균과 분산

모 대학교의 축제에서 참석자들을 위하여 도서상품권을 제공하는 행사를 실시하였다. 이 대학교에서 제공하는 도서상품권의 수와 금액은 다음과 같다.

표 4.3

도서상품권 액수(원)	복권 수
100,000	2
50,000	8
10,000	10
0	30

이 대학교에서 축제 참가자를 위하여 제공하는 상금의 평균을 $\bar{x}$ 라고 하면

$$\bar{x} = \frac{1}{50}\left(0\times 30 + 10000\times 10 + 50000\times 8 + 100000\times 2\right)$$

$$= 0\times\frac{30}{50} + 10000\times\frac{10}{50} + 50000\times\frac{8}{50} + 100000\times\frac{2}{50}$$

$$= 14000$$

이다. 도서상품권의 금액을 확률변수 X라고 하면 이 확률변수는 이산확률변수이다. 이산확률변수 X에 대한 각 상금에 대한 확률은 표 4.4와 같다.

표 4.4

X	0	10000	50000	100000
$f(x)$	$\dfrac{3}{5}$	$\dfrac{1}{5}$	$\dfrac{4}{25}$	$\dfrac{1}{25}$

이산확률변수 X의 평균은 확률변수 X가 가지는 값과 그 값에 대응하는 확률의 곱을 모두 더한 값과 같음을 알 수 있다. 확률변수 X의 평균은 그림 4.9와 같이 히스토그램의 중심 위치를 나타낸다.

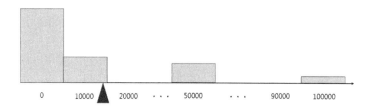

그림 4.9

표 4.5

X	x_1	x_2	$\cdots$	x_n	합계
$f(x)$	p_1	p_2	$\cdots$	p_n	1

이산확률변수 X의 확률분포가 표 4.5와 같으면 확률변수 X의 평균은

$$\bar{x} = x_1 p_1 + x_2 p_2 + \cdots + x_n p_n$$

$$= \sum_{i=1}^{n} x_i p_i$$

이다. 마찬가지로 연속확률변수 X의 평균은 확률변수가 가질 수 있는 모든 값과 그 값에 대응하는 확률밀도함수의 곱을 적분하여 얻을 수 있다. 이산확률변수나 연속확률변수의 평균을 일반적으로 **기댓값**(expected value)이라고 하고 $E(X)$로 나타낸다.

확률변수 X에 대한 기댓값 $E(X)$는 다음과 같이 계산할 수 있다.

$$E(X) = \begin{cases} \displaystyle\sum_{i=1}^{n} x_i \cdot p_i & , \quad X\,\text{가 이산확률변수} \\[4mm] \displaystyle\int_{-\infty}^{\infty} x \cdot f(x)\,dx & , \quad X\,\text{가 연속확률변수} \end{cases}$$

예제 4.4

같은 주사위를 두 번 반복해서 던지는 시행에서 두 눈의 합을 확률변수 X라고 하자. 이 확률변수 X의 기댓값 $E(X)$를 구하여라.

[풀이] 확률변수 X의 확률분포표를 구하여 보면 다음과 같다.

표 4.6

X	2	3	4	5	6	7	8	9	10	11	12
$P(X=x)$	$\dfrac{1}{36}$	$\dfrac{2}{36}$	$\dfrac{3}{36}$	$\dfrac{4}{36}$	$\dfrac{5}{36}$	$\dfrac{6}{36}$	$\dfrac{5}{36}$	$\dfrac{4}{36}$	$\dfrac{3}{36}$	$\dfrac{2}{36}$	$\dfrac{1}{36}$

따라서 X의 기댓값을 구하면

$$
\begin{aligned}
E(X) &= \left(2 \times \frac{1}{36}\right) + \left(3 \times \frac{2}{36}\right) + \left(4 \times \frac{3}{36}\right) + \left(5 \times \frac{4}{36}\right) \\
&\quad + \left(6 \times \frac{5}{36}\right) + \left(7 \times \frac{6}{36}\right) + \left(8 \times \frac{5}{36}\right) + \left(9 \times \frac{4}{36}\right) \\
&\quad + \left(10 \times \frac{3}{36}\right) + \left(11 \times \frac{2}{36}\right) + \left(12 \times \frac{1}{36}\right) \\
&= \frac{252}{36} \\
&= 7
\end{aligned}
$$

이다.

다음 그림 4.10에서 두 확률분포 $f(x)$와 $g(x)$는 평균값은 같지만 두 분포는 평균 주위에 자료들이 흩어져 있는 정도가 다르다. 이렇게 흩어져 있는 정도를 나타내는 기술적 지표를 **산포도**(degree of scattering) 또는 분산도라고 한다.

확률변수 X의 분산을 구하여보자. 실제로 우리가 구하려는 값은 주어진 자료의 평균값에서 각 자료 값과의 차이의 평균값을 구하려고 한다. 이 값을 표준편차라고 앞에서 알아보았다. 표준편차

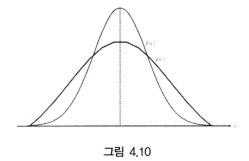

그림 4.10

는 분산을 구하여 구한 분산 값의 제곱근을 구하면 되므로 우리는
분산을 구하는 방법만 습득하면 쉽게 구하려는 표준편차 값을 구할
수 있다.

다음 표 4.7과 같이 주어진 이산확률변수 X의 평균을 $\mu = E(X)$
라고 하자.

표 4.7

X	x_1	x_2	x_3	$\cdots$	x_n
$f(x)$	p_1	p_2	p_3	$\cdots$	p_n

확률변수 X의 분산은 확률변수 X와 확률변수들의 평균 μ의 편
차제곱 $(X-\mu)^2$의 평균값이므로

$$
\begin{aligned}
Var(X) &= E((X-\mu)^2) \\
&= \sum_{i=1}^{n}\left\{(x_i-\mu)^2 \cdot p_i\right\} \\
&= \sum_{i=1}^{n}\left(x^2 \cdot p_i - 2\mu \cdot x_i \cdot p_i + \mu^2 \cdot p_i\right)
\end{aligned}
$$

$$= \sum_{i=1}^{n} (x_i^2 \cdot p_i) - 2\mu \sum_{i=1}^{n} x_i \cdot p_i + \mu^2 \sum_{i=1}^{n} p_i$$

이다. 한편, $E(X^2) = \displaystyle\sum_{i=1}^{n} (x_i^2 \cdot p_i), \quad \mu = \sum_{i=1}^{n} (x_i \cdot p_i), \quad \sum_{i=1}^{n} p_i = 1$
이므로

$$Var(X) = E(X^2) - \mu^2$$

이다.

예제 4.5

빨간 공이 2개, 파란 공이 3개가 들어 있는 주머니에서 2개의 공을 꺼낼 때, 나오는 빨간 공의 개수를 X라고 하자. 확률변수 X의 분산을 구하여라.

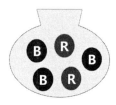

[풀이] 확률변수 X가 가질 수 있는 값은 0, 1, 2이다. 이경우의 확률을 각각 구하여 보면

$$P(X=0) = \frac{{}_2C_0 \times {}_3C_2}{{}_5C_2} = \frac{3}{10}$$: 빨간 공 0개, 파란 공 2개를 꺼낼 확률

$$P(X=1) = \frac{{}_2C_1 \times {}_3C_1}{{}_5C_2} = \frac{3}{5}$$: 빨간 공 1개, 파란 공 1개를 꺼낼 확률

$$P(X=2) = \frac{{}_2C_2 \times {}_3C_0}{{}_5C_2} = \frac{1}{10}$$: 빨간 공 2개, 파란 공 0개를 꺼낼 확률

확률변수 X의 평균과 분산을 구하면

표 4.8

X	0	1	2	합계
X^2	0	1	4	
$P(X=x)$	$\dfrac{3}{10}$	$\dfrac{3}{5}$	$\dfrac{1}{10}$	1

$$E(X) = \left(0 \times \frac{3}{10}\right) + \left(1 \times \frac{3}{5}\right) + \left(2 \times \frac{1}{10}\right) = \frac{4}{5}$$

$$E(X^2) = \left(0 \times \frac{3}{10}\right) + \left(1 \times \frac{3}{5}\right) + \left(4 \times \frac{1}{10}\right) = 1$$

이다. 따라서

$$\begin{aligned} Var(X) &= E(X^2) - \{E(X)\}^2 \\ &= 1 - \left(\frac{4}{5}\right)^2 \\ &= \frac{9}{25} \end{aligned}$$

이다. 참고로 표준편차는 $\sigma(X) = \sqrt{Var(X)} = \sqrt{\dfrac{9}{25}} = \dfrac{3}{5}$ 이다.

4.1.4 이항분포와 그 성질

이산확률변수의 확률분포인 이산확률분포 중에서 가장 기본적으로 다루는 개념이 바로 **베르누이 분포**(Bernoulli distribution) 즉, **베르누이 시행**(Bernoulli trial)을 확률분포로 나타낸 것 이다. 베르누이 시행은 일반적으로 서로 반대가 되는 사건이 일어나는 시행을 반복적으로

행하는 것을 말한다. 여기서 서로 반대되는 사건이란 반드시 두 개만 존재하며 동시에 두 개가 발생하지 않는 사건인, 배타적인 사건을 말한다. 베르누이 시행의 가장 간단한 실례가 바로 동전던지기이다. 동전을 던져서 앞면이 나오면 성공이라고 하고 1을, 뒷면이 나오면 실패라고 하고 0을 주는 것 이다. 이처럼 베르누이 시행(또는 실험)의 결과는 어떤 일을 시행했을 경우 성공과 실패, 두 가지 경우 밖에 없다는 것을 의미한다.

베르누이 분포는 성공의 확률 p를 **성공률**(rate of success)이라고 하면 실패할 확률은 $1-p$이다. 예를 들어, 주사위를 던지는 시행에서 주사위의 눈이 3의 배수인 3과 6이 나오면 성공이고, 1, 2, 4, 5가 나오면 실패라고 하자. 성공률 $p = \dfrac{2}{6} = \dfrac{1}{3}$이고 실패할 확률은 $(1-p) = \dfrac{2}{3}$이 된다.

베르누이 분포에서 평균과 분산을 구하여 보자.

$$\mu = E(X) = 1 \cdot p + 0 \cdot (1-p) = p,$$

$$\begin{aligned}
Var(X) &= E(X^2) - (E(X))^2 \\
&= 0^2 \cdot p^0 (1-p)^{1-0} + 1^2 \cdot p^1 (1-p)^{1-1} - p^2 \\
&= p - p^2 \\
&= p(1-p)
\end{aligned}$$

농구선수 제욱이는 자유투 성공률이 60%라고 한다. 이 선수가 자유투를 3회 던져서 성공하는 횟수를 X 라고 할 때, 확률변수 X의 확률분포를 표로 나타내어 보면 다음과 같다.

표 4.9

X	0	1	2	3	합계
P $(X=x)$	${}_3C_0\left(\dfrac{6}{10}\right)^0$ $\left(1-\dfrac{6}{10}\right)^3$	${}_3C_1\left(\dfrac{6}{10}\right)^1$ $\left(1-\dfrac{6}{10}\right)^2$	${}_3C_2\left(\dfrac{6}{10}\right)^2$ $\left(1-\dfrac{6}{10}\right)^1$	${}_3C_3\left(\dfrac{6}{10}\right)^3$ $\left(1-\dfrac{6}{10}\right)^0$	1

앞의 설명에서 보듯이 한 번의 시행에서 사건 A가 일어날 확률이 p로 일정하고, n번의 독립적인 시행에서 사건 A가 일어나는 횟수를 X라고 하자. 이 경우 확률변수 X가 가질 수 있는 값은 0, 1, 2, $\cdots$, n 이고, 그 확률질량함수는

$$P(X=x) = {}_nC_x\, p^x\, (1-p)^{n-x} \quad (\, x = 0\,,\, 1\,,\, 2\,,\, \cdots\,,\, n\,)$$

시행 횟수
성공 횟수
성공률

그림 4.11

이다. 이와 같은 확률분포를 **이항분포**(binomial distribution)라고 한다. 이것을 기호로

$$B(n\,,\, p)$$

와 같이 나타내고, 확률변수 X는 이항분포 $B(n\,,\, p)$를 따른다고 한다.

예제 4.6

00제약에서 C형 간염 완치율이 90%인 신약을 개발하여 5명의 환자에게 투약했을 때, 완치되는 환자 수를 확률변수 X 라고 하자.

(1) 확률변수 X 의 확률질량함수를 구하여라.

(2) 확률 $P(X=4)$의 값을 구하여라.

[풀이] (1) 확률변수 X는 이항분포 $B\left(5, \dfrac{9}{10}\right)$을 따르므로 확률변수 X의 확률질량함수는

$$P(X=x) = {}_5 C_x \left(\frac{9}{10}\right)^x \left(\frac{1}{10}\right)^{5-x}$$

$$(x = 0, 1, 2, \cdots, 5)$$

(2) $P(X=4) = {}_5 C_4 \left(\dfrac{9}{10}\right)^4 \left(\dfrac{1}{10}\right)^1$

$$= \frac{32,805}{100,000} = 0.32805$$

임의의 확률변수 X가 이항분포 $B(3, p)$를 따른 다 고 할 때, 확률변수 X의 평균과 분산을 구하여보자. 먼저 확률변수 X의 확률분포표를 구하여 보면 다음과 같다.

표 4.10

X	0	1	2	3	합계
$P(X=x)$	$(1-p)^3$	$3p(1-p)^2$	$3p^2(1-p)$	p^3	1

따라서 확률변수 X 의 평균과 분산은

$$E(X) = 0 \cdot (1-p)^3 + 1 \cdot 3P(1-p)^2$$
$$+ 2 \cdot 3p^2(1-p) + 3 \cdot p^3$$

$$= 3 \cdot p\{p + (1-p)\}^2$$
$$= 3 \cdot p$$

$$Var(X) = 0^2 \cdot (1-p)^3 + 1^2 \cdot 3 \cdot p(1-p)^2$$
$$+ 2^2 \cdot 3 \cdot p^2(1-p) - (3 \cdot p)^2$$
$$= 3 \cdot p\{p + (1-p)\}\{3 \cdot p + (1-p)\} - 9 \cdot (1-p)^2$$
$$= 3 \cdot p(1-p)$$

이다. 그러므로 표준편차는 $\sigma(X) = \sqrt{3 \cdot p(1-p)}$ 이다.

예제 4.7

발아율이 65%인 꽃씨 200개를 뿌릴 때, 싹이 나오는 씨앗의 개수를 확률변수 X 라고 하자. 확률변수 X의 평균과 분산을 구하여라.

[풀이] 꽃씨 한 개를 뿌릴 때, 싹이 나오는 확률은 $\dfrac{65}{100} = \dfrac{13}{20}$ 이고, 확률변수 X는 이항분포 $B\left(200, \dfrac{13}{20}\right)$를 따른다. 따라서 확률변수 X의 평균과 분산은

$$E(X) = 200 \times \frac{13}{20} = 130$$
$$Var(X) = 200 \times \frac{13}{20} \times \frac{7}{20} = 45.5$$

이다.

이항분포 $B(n, p)$를 따르는 확률변수 X의 평균이 32, 분산이 16일 때, n과 p의 값을 구하여라.

[풀이] 평균 $E(X) = np = 32$, $Var(X) = np(1-p) = 16$이므로 $(1-p) = \dfrac{1}{2}$이다. 그러므로 $p = \dfrac{1}{2}$이 된다. 또 $np = n \cdot \dfrac{1}{2} = 32$ 이므로 $n = 64$ 이다.

이항분포 $B(n, p)$에서 시행 횟수 n의 값이 커질 때, 확률분포의 그래프의 변화를 살펴보자.

주사위 한 개를 n번 던질 때 5의 눈이 나오는 횟수를 X라고 하면, 확률변수 X는 이항분포 $B(n, \dfrac{1}{6})$를 따른다. 그러므로 확률변수 X의 확률질량함수는

$$P(X = x) = {}_n C_x \left(\frac{1}{6}\right)^x \left(\frac{5}{6}\right)^{n-x} \quad (x = 0, 1, 2, \cdots, n)$$

이 된다. 따라서 주사위를 던지는 시행 횟수 n을 10, 20, $\cdots$, 60으로 증가하면서 $P(X = x)$의 값과 그 그래프를 그려보면

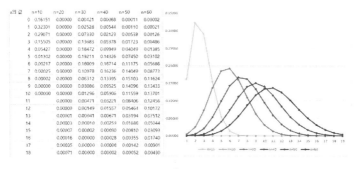

그림 4.12

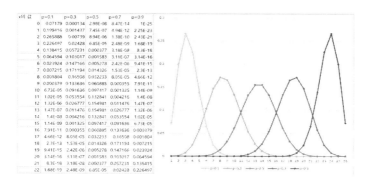

그림 4.13

이다. 그림 4.12에서 보듯이, 이항분포 $B(n, p)$의 그래프는 시행 횟수 n의 값이 커질수록 그래프가 좌우가 대칭인 종 모양의 곡선에 근접한다. 또한 성공률 p의 값에 따라 대칭 모양이 달라진다.

그림 4.13은 시행 횟수 $n = 25$ 일 때, $p < 0.5$ 이면 이항분포는 왼쪽으로 치우치면서 오른쪽으로 긴 꼬리를 갖는 양의 비대칭이고, $p > 0.5$ 이면 이항분포는 오른쪽으로 치우치면서 왼쪽으로 긴 꼬리를 갖는 음의 비대칭 분포를 갖는다. 만약 $p = 0.5$ 이면 n 에 값에 상관없이 평균 $\mu = \dfrac{n}{2}$ 를 중심으로 좌우가 대칭인 분포를 갖는다. 이러한 경우를 **대칭이항분포**(symmetric binomial distribution)라고 한다.

예제 4.9

4지선다형으로 주어진 여섯 문제에서 임의로 답을 선택할 때, 정답을 선택한 문제의 수를 확률변수 X라고 하자. 다음 확률을 구하여라.

(1) $P(X = 3)$ (2) $P(X > 5)$

[풀이] 각 문제 당 정답을 선택할 확률은 $\dfrac{1}{4}$ 이고, 정답을 선택하는

것은 각각 독립시행이므로 확률변수 X는 $n=6$, $p=\dfrac{1}{4}$
인 이항분포 $B\left(6,\dfrac{1}{4}\right)$를 따른다. 따라서 확률질량함수는

$$f(x) = {}_6C_x\left(\frac{1}{4}\right)^x\left(\frac{3}{4}\right)^{6-x} \quad (x=0,1,2,\cdots,5,6)$$

이다.

(1) $P(X=3) = f(3) = {}_6C_3\left(\dfrac{1}{4}\right)^3\left(\dfrac{3}{4}\right)^3 \fallingdotseq 0.1318$

(2) $P(X>4) = P(X \geq 5) = f(5)+f(6)$

$$= {}_6C_5\left(\frac{1}{4}\right)^5\left(\frac{3}{4}\right) + {}_6C_6\left(\frac{1}{4}\right)^6\left(\frac{3}{4}\right)^0$$

$$\fallingdotseq 0.04395 + 0.000244$$

$$= 0.004639$$

───

이항분포에 대한 확률은의 누적이항확률분포표를 이용하여 구할 수 있다. 예를 들어 $X \sim B(4, 0.25)$ 일 때 $P(X \leq 3)$는 그림 4.14의 누적이항확률분포표를 이용하여 다음과 같은 방법으로 구할 수 있다.

① 왼쪽 열에서 n이 4인 부분을 선택한다.
② 위의 두 번째 행에서 p가 0.25인 열을 선택한다.
③ 왼쪽 열에서 x가 3인 행을 선택한다.
④ x가 3인 행과 p가 0.25인 열이 만나는 곳에 위치한 숫자 0.9961을 선택한다.

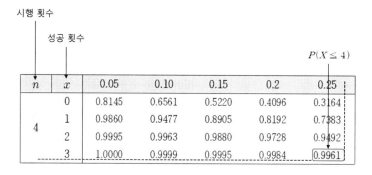

n	x	0.05	0.10	0.15	0.2	0.25
4	0	0.8145	0.6561	0.5220	0.4096	0.3164
	1	0.9860	0.9477	0.8905	0.8192	0.7383
	2	0.9995	0.9963	0.9880	0.9728	0.9492
	3	1.0000	0.9999	0.9995	0.9984	0.9961

그림 4.14

⑤ $P(X \leq 3) = 0.9961$ 이다.

4.1.5 포아송분포와 그 성질

등굣길에 어떤 분식집 앞에 김밥을 사려고 줄을 서 있는 사람들을 가끔 볼 때가 있다. 이러한 현상은 왜 일어날까? 우리는 이러한 현상을 앞으로 알아볼 포아송분포로 설명할 수 있다.

분식집을 방문하는 손님의 수를 평균 분당 한 명이라고 하면, 정확히 1분마다 한 명의 손님이 반드시 방문한다는 것을 의미하지는 않는다. 예를 들면, 처음 1분 동안에는 손님이 아무도 오지 않다가, 다음 1분 동안 세 명이 동시에 방문하고 다음 3분 동안 한 명이 방문하면 된다.

이와 같이 방문 횟수가 항상 일정하지 않으므로 분당 평균 λ 명

의 손님이 온다고 하면 일정한 시간 동안 x 명의 손님이 방문할 확률은

$$\frac{\lambda^x \cdot e^{-\lambda}}{x!}$$

이 된다.

앞의 설명에서, 분당 한 명의 손님이 방문한다고 하면 특정 시간 동안 분식집에 네 명의 손님이 방문할 확률은 $\dfrac{1}{50}$이 된다.

포아송분포(poisson distribution)는 무엇일까? 포아송분포는 기본적으로 이항분포와 관계가 있다. 포아송분포는 앞에서 알아보았던 이항분포와 같은 상태의 그래프 모양을 갖는다.

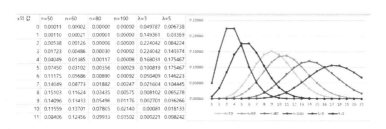

x의 값	n=50	n=60	n=80	n=100	λ=3	λ=5
0	0.00011	0.00002	0.00000	0.00000	0.049787	0.006738
1	0.00110	0.00021	0.00001	0.00000	0.149361	0.03369
2	0.00538	0.00126	0.00006	0.00000	0.224042	0.084224
3	0.01723	0.00486	0.00030	0.00002	0.224042	0.140374
4	0.04049	0.01385	0.00117	0.00008	0.168031	0.175467
5	0.07450	0.03102	0.00356	0.00029	0.100819	0.175467
6	0.11175	0.05686	0.00890	0.00092	0.050409	0.146223
7	0.14049	0.08773	0.01882	0.00247	0.021604	0.104445
8	0.15103	0.11624	0.03435	0.00575	0.008102	0.065278
9	0.14096	0.13433	0.05496	0.01176	0.002701	0.036266
10	0.11559	0.13701	0.07805	0.02140	0.000081	0.018133
11	0.08406	0.12456	0.09933	0.03502	0.000221	0.008242

그림 4.15

일반적으로 포아송분포는 어떤 사건이 발생했을 때, 그 사건이 우연에 의해 발생한 사건인지 아니면 외부의 작용에 의하여 의도적으로 발생한 사건인지를 판단하는데 도움을 준다.

이항분포의 확률함수로부터 포아송분포 함수를 유도하여 보자. 이항분포의 확률함수

$$P(X=x) = {}_n C_x \cdot p^x \cdot (1-p)^{(n-x)}$$

에서 포아송분포의 확률함수를 유도하기 위해서는 n개의 구간에서

발생한 확률이 $\dfrac{\lambda}{n}$이 되기 위하여 포아송분포의 평균(μ)과 분산 (σ^2)값이 n개의 구간에서 발생하는 사건의 수인 λ와 같다는 가정이 필요하다. n개의 구간에서 발생한 확률 $\dfrac{\lambda}{n}$를 이항분포의 확률함수에서 p 값 대신에 대입하면

$$
\begin{aligned}
P(X = x) &= {}_n C_x \cdot p^x \cdot (1-p)^{(n-x)} \\[2mm]
&= \frac{n!}{x! \cdot (n-x)!} \left(\frac{\lambda}{n}\right)^x \left(1 - \frac{\lambda}{n}\right)^{(n-x)} \\[2mm]
&= \frac{n!}{x! \cdot (n-x)!} \left(\frac{\lambda}{n}\right)^x \left(1 - \frac{\lambda}{n}\right)^n \left(1 - \frac{\lambda}{n}\right)^{-x} \\[2mm]
&= \lim_{n \to \infty} \frac{1}{x!} \frac{n(n-1)(n-2)\cdots(n-x+1)}{x^n} \\
&\qquad \lambda^x \left(1 - \frac{\lambda}{n}\right)^n \left(1 - \frac{\lambda}{n}\right)^{-x} \\[2mm]
&= \lim_{n \to \infty} \left\{ \frac{\lambda^x}{x!} \left(1 - \frac{\lambda}{n}\right)^n \cdot 1 \right\} \\[2mm]
&= \frac{\lambda^x e^{-\lambda}}{x!} \qquad \left(\because \lim_{n \to \infty} \left(1 - \frac{\lambda}{n}\right)^n = e^{-\lambda} \right)
\end{aligned}
$$

이 된다.

이와 같은 확률함수를 갖는 분포를 포아송분포라 하고, 기호로

$$
P_0(\lambda)
$$

와 같이 나타내고, 확률변수 X 는 포아송분포 $P_0(\lambda)$를 따른다고 한다. 여기서 λ는 단위 시간당 발생하는 사건의 수를 의미한다.

모교수는 퇴근하면서 종종 연구실 컴퓨터 전원을 켜두고 퇴근하여 퇴근하다 다시 돌아와 컴퓨터 전원을 끄고 퇴근한다. 일주일 동안 조사하여 보니 컴퓨터 전원을 켜두고 퇴근하였다가 다시 돌아와 전원을 끄고 퇴근한 횟수가 3회였다고 하자.

(1) 일주일에 1회 이하로 컴퓨터 전원을 켜놓고 퇴근하였다가 다시 돌아와 전원을 끄고 퇴근할 확률을 구하여라.

(2) 일주일에 4 ~ 5회 컴퓨터 전원을 켜놓고 퇴근하였다가 다시 돌아와 전원을 끄고 퇴근할 확률을 구하여라.

[풀이] (1) 일주일 동안 컴퓨터 전원을 켜두고 퇴근하였다가 다시 돌아온 횟수가 3회이므로 $\lambda = 3$이다. 즉, $X \sim P_0(3)$이다. 포아송의 확률함수 $P(X=x) = \dfrac{\lambda^x \cdot e^{-\lambda}}{x!}$ 에 $\lambda = 3$, $x = 1$ 을 대입하자. 여기서 $e = 2.7183$으로 계산한다.

$$\begin{aligned} P(X=1) &= \frac{3^1 \cdot e^{-3}}{1!} \\ &= \frac{3^1 \times 2.7183^{-3}}{1!} \\ &= 0.149358 \end{aligned}$$

이다.

또, 일주일에 1회 이하로 컴퓨터 전원을 켜놓고 퇴근하였다가 다시 돌아와 전원을 끄고 퇴근하는 경우는 $P(X \leq 1)$이므로, 일주일에 한 번도 컴퓨터 전원을 켜놓고 퇴근하였다가 다시 돌아와 전원을 끄고 퇴근하지 않은 경우도 고려해야 한다. 그러므로 $x = 0$ 인 경우도 구하여야 한다. 즉,

$$P(X=0) = \frac{3^0 \cdot e^{-3}}{0!}$$

$$P(X=0) = \frac{3^0 \cdot e^{-3}}{0!}$$

$$= 0.0497986$$

이다. 따라서,

$$P(X \le 1) = P(X=1) + P(X=0)$$

$$= 0.149358 + 0.049786$$

$$= 0.199144$$

이다. 즉, 일주일에 1회 이하로 컴퓨터 전원을 켜놓고 퇴근하였다가 다시 돌아와 전원을 끄고 퇴근할 확률은 19.91(%)이다.

(2) 일주일에 4~5회 컴퓨터 전원을 켜놓고 퇴근하였다가 다시 돌아와 전원을 끄고 퇴근하는 경우는 4회와 5회의 확률을 더해야 한다. 일주일에 4회 컴퓨터 전원을 켜놓고 퇴근하였다가 다시 돌아와 전원을 끄고 퇴근하는 경우의 확률은

$$P(X=4) = \frac{3^4 \cdot e^{-3}}{4!}$$

$$= \frac{3^4 \times 2.7183^{-3}}{4!}$$

$$= 0.168028$$

이고, 일주일에 5회 컴퓨터 전원을 켜놓고 퇴근하였다가 다시 돌아와 전원을 끄고 퇴근하는 경우의 확률은

$$P(X=5) = \frac{3^5 \cdot e^{-3}}{5!}$$

$$= \frac{3^5 \times 2.7183^{-3}}{5!}$$

$$= 0.100817$$

이다. 따라서,

$$P(4 \leq X \leq 5) = P(X = 4) + P(X = 5)$$
$$= 0.168028 + 0.100817 = 0.268845$$

이다. 즉, 일주일에 4~5회 컴퓨터 전원을 켜놓고 퇴근하였다가 다시 돌아와 전원을 끄고 퇴근할 확률은 26.88(%)이다.

4.1.6 연속확률분포와 그 성질

앞에서 알아보았던 이항분포의 그림 4.12에서 성공률 p를 고정시키고 시행 횟수 n이 점점 커지면 이항분포는 좌·우가 대칭 모양인 종 모양에 가까워진다는 것을 알았다. 이처럼 좌·우가 대칭인 종 모양의 연속된 확률분포를 **정규분포**라고 한다.

일상적인 자연현상에서 얻을 수 있는 거의 모든 자료들의 히스토그램은 자료의 수가 증가하면 계급간격이 좁아지고 좌·우가 대칭인 종 모양의 곡선에 가까워진다.

앞에서 확률변수 X가 갖는 값이 실수구간 또는 실수구간의 합으로 주어질 때, 이 확률변수 X를 연속확률변수라고 했다. 임의의 연속확률변수 X가 다음과 같은 확률밀도함수를 갖는다고 하자.

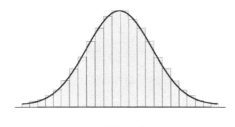

그림 4.16

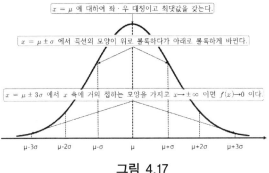

그림 4.17

$$f(x) = \frac{1}{\sqrt{2\pi}\,\sigma}\,e^{-\frac{(x-\mu)^2}{2\sigma^2}}, \quad -\infty < x < \infty$$

이 확률밀도함수 $f(x)$는 다음과 같은 모양과 성질을 갖는다.

이와 같이 연속확률변수의 분포가 그림 4.17과 같은 모양인 확률분포를 **정규분포**(normal distribution)라고 한다. 또 임의의 연속확률분포 X의 확률밀도함수 $f(x)$가 평균 μ와 분산 σ^2를 갖는 정규분포를 따르면 $X \sim N(\mu,\,\sigma^2)$으로 나타낸다.

이제 정규분포 곡선의 성질에 대하여 구체적으로 알아보자.

평균이 μ이고 분산이 σ^2인 정규분포 곡선은 $x = \mu$에 대하여 대칭이고 그래프와 x축 사이의 넓이는 1 이 됨은 이미 알고 있다.

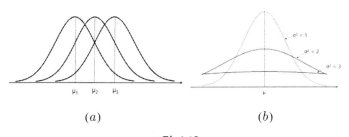

(a)   (b)

그림 4.18

평균이 μ와 분산 σ^2의 변화에 따른 정규분포 곡선을 그려보자.

그림 4.18의 (a)는 분산의 값 σ^2는 일정하지만 평균값이 각각 μ_1, μ_2, μ_3 $(\mu_1 < \mu_2 < \mu_3)$로 다른 세 정규분포 곡선이다. 세 곡선은 모양은 같지만 대칭축의 위치가 다르다. 그림 4.18의 (b)는 평균값은 μ로 모두 같지만 분산의 값 σ^2이 1, 2, 3으로 모두 다른 정규분포 곡선이다. 분산의 값이 작을수록 곡선의 가운데 부분의 높이가 높아지고 곡선의 모양이 평균값을 중심으로 모이는 것을 알 수 있다.

앞의 사실들을 종합하면, 일반적으로 정규분포 $N(\mu, \sigma^2)$을 따르는 확률변수 X의 정규분포 곡선의 성질은

(1) 직선 $x = \mu$에 대하여 대칭인 종모양의 곡선이다.

(2) 곡선과 x축 사이의 넓이는 1이다.

(3) 분산의 값 σ^2의 값이 일정할 때, 평균 μ의 값이 변하면 대칭축의 위치는 x축을 따라 변하지만 곡선의 모양은 변하지 않는다.

(4) 평균 μ의 값이 일정할 때, 분산 σ^2의 값이 커지면 곡선의 가운데 부분의 높이는 낮아지고 곡선의 양쪽 날개 끝이 퍼진 모양이 된다.

한편, 연속확률변수 $X \sim N(\mu, \sigma^2)$일 때, 확률 $P(a \leq X \leq b)$는 그림 4.19에서 정규분포 곡선과 x축 그리고 두 직선 $x = a$, $x = b$로 둘러싸인 도형의 넓이와 같다.

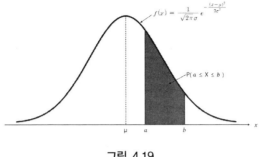

그림 4.19

    서로 다른 자료들의 정규분포를 비교할 때는 여러 개의 분포를 어느 하나의 기준으로 재구성하여야 그 기준 아래에서 각 분포를 비교할 수 있다. 이때 일반적으로 사용하는 기준이 평균 $\mu = 0$, 분산 $\sigma^2 = 1$이다. 이렇게 정규분포를 재구성한 것을 표준정규분포(standard normal distribution)라고 한다.

    확률변수 X가 정규분포 $N(\mu, \sigma^2)$을 따르면, 이 확률변수가 표준정규분포 $N(0, 1)$를 따르기 위해서는 확률변수 X를 다음과 같은 **표준화**에 따라 새로운 확률변수 Z로 변환하면

$$z = \frac{x - \mu}{\sigma}$$

Z의 확률분포는 표준정규분포인 $Z \sim N(0, 1)$를 따른다. 정규분포의 확률함수 $f(x) = \dfrac{1}{\sqrt{2\pi}\,\sigma}\, e^{-\frac{(x-\mu)^2}{2\sigma^2}}$ 에 $\mu = 0$, $\sigma^2 = 1$을 대입하면

$$f(z) = \frac{1}{\sqrt{2\pi}}\, e^{-\frac{z^2}{2}}$$

이 된다. 이것을 표준정규분포의 확률밀도함수라고 한다. 표준정규

분포의 확률밀도함수 그래프는 그림 4.20과 같다. 그림 4.20은 정
규분포의 확률밀도함수와 표준정규분포의 확률밀도함수를 비교한
것이다.

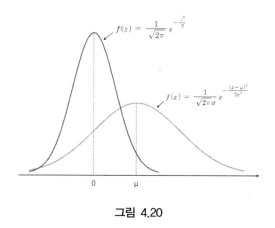

그림 4.20

또 양수 z에 대하여 확률 $P(0 \leq Z \leq z)$는 그림 4.21에서 색칠
한 도형의 넓이와 같다. 구하려는 확률의 값은 표준정규분포표에서
찾을 수 있다. 찾는 방법은 다음의 예제 4.11에서 설명한다.

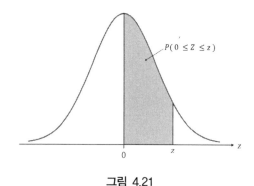

그림 4.21

예제 4.11

확률분포 Z 가 표준정규분포 $N(0, 1)$을 따를 때, 표준정규분포표를 이용하여 다음 확률을 구하여라.

(1) $P(0 \le Z \le 1.52)$ (2) $P(Z \le 1)$

(3) $P(-1.5 \le \ \le 1.98)$

[풀이] (1) 그림 4.22 표준정규분포표에서 $P(0 \le Z \le 1.52) = 0.4357$ 임을 알 수 있다.

$$P(0 \le Z \le 1.52)$$

z	0.00	0.01	0.02	⋯
⋮				
1.5	.4332	.4345	.4357	
⋮				

그림 4.22

(2) 앞의 (1)을 참조해서,

$$P(Z \le 1) = P(Z \le 0) + P(0 \le Z \le 1)$$
$$= 0.5 + 0.3413$$
$$= 0.8413$$

(3) 앞의 (1)을 참조해서,

$$P(-1.5 \le Z \le 2)$$
$$= P(-1.5 \le Z \le 0) + P(0 \le Z \le 21.98)$$
$$= P(0 \le Z \le 1.5) + P(P(0 \le Z \le 1.98)$$
$$= 0.4332 + 0.4761$$
$$= 0.9093$$

모 대학교 학생 휴게실에 설치되어 있는 커피 자동판매기에서 판매하고 있는 커피 한잔에 들어있는 커피의 평균 용량을 조사하였더니 180 ml이고 분산이 16 ml인 정규분포를 따른다고 하자. 이 커피 자동판매기에서 뽑은 커피 한 잔의 양이 178 ml 이상 185 ml 이하일 확률을 구하여라.

풀이 커피 한잔의 용량을 X 라고 하면 확률변수 X 는 정규분포 $N(180, 4^2)$를 따르므로 확률변수 $Z = \dfrac{X - 180}{4}$ 는 표준정규분포 $N(0, 1)$을 따른다.

따라서 구하는 확률은

$$P(178 \leq X \leq 185)$$

$$= P\left(\frac{178 - 180}{4} \leq Z \leq \frac{185 - 180}{4} \right)$$

$$= P(-0.5 \leq Z \leq 1.25)$$

$$= P(0 \leq Z \leq 0.5) + P(0 \leq Z \leq 1.25)$$

$$= 0.1915 + 0.3944$$

$$= 0.5859$$

이다. 즉, 58.59(%)이다.

모 대학 교양교과목 중에서 통계관련 교과목을 수강하는 수강생 100명의 평균 점수는 82점 분산은 10^2점인 정규분포를 따른다고 하자. 이들 수강생 100명 중에서 성적이 A^+ 를 취득하기 위해서는 10등 안에 들어야 한다. 10등 안에 들기 위한 점수의 최솟값을 구하여라.

풀이 수강생들의 점수를 X 라고 하면 확률변수 X 는 정규분포 $N(82\,,\,10^2)$ 을 따른다. 이때 성적이 10등인 학생의 점수를 n이라 하면 $P(X \geq n) = \dfrac{10}{100} = 0.1$ 이다.

확률변수 X 를 표준화하면 Z 는 표준정규분포 $N(0\,,\,1^2)$ 을 따르므로

$$P(X \geq n) = P\left(Z \geq \frac{n-82}{10}\right) = 0.1$$

즉, $P(Z \geq 0) - P\left(0 \leq Z \leq \dfrac{n-82}{10}\right) = 0.1$ 이므로

$$0.5 - P\left(0 \leq Z \leq \frac{n-82}{10}\right) = 0.1$$

$$\Rightarrow P\left(0 \leq Z \leq \frac{n-82}{10}\right) = 0.4$$

표준정규분포표에서 $P(0 \leq Z \leq 1.28) = 0.4$ 이므로 $\dfrac{n-82}{10} = 1.28$

따라서 $n = 94.5$ 이고 소수점 이하를 반올림하면 $n = 95$ (점)이다.

___

연습문제 4.1

01 확률변수 X의 확률분포가 다음 표와 같을 때, $E(X)$, $V(X)$를 구하여라.

X	-1	0	1	합계
$P(X=x)$	$\dfrac{1}{3}$	$\dfrac{5}{9}$	$\dfrac{1}{9}$	1

02 확률변수 X가 이항분포 $B\left(25, \dfrac{1}{3}\right)$을 따를 때, X의 평균과 분산을 구하여라.

03 확률변수 X가 표준정규분포 $N(0, 1)$을 따를 때, 다음 확률을 구하여라.

(1) $P(-1.2 \leq Z \leq 0)$ (2) $P(Z \geq 0.75)$

4.2 표본분포와 통계적 추정

4.2.1 모집단과 표본

올해 새로 입학한 신입생들의 한 달 동안 사용한 휴대 전화 데이터의 사용량을 조사하려고 한다. 조사하는 방법은 크게 두 가지로 나누어진다. 하나는 신입생 전체의 휴대 전화 데이터 사용량을 조사하는 것이고 또 다른 방법은 임의로 선발한 신입생 100명의 휴대 전화 데이터 사용량을 조사하는 것이다.

통계 조사에서 조사하고자 하는 대상 전체를 모집단이라고 하고 조사하기 위하여 추출(선발)한 모집단의 일부분을 표본이라고 한다는 것은 앞에서 알아보았다.

신입생의 휴대 전화 데이터 사용량 조사방법 중에서 신입생 전체의 휴대 전화 데이터 사용량을 조사하는 것을 전수조사라고 하고 임의로 선발한 신입생 100명, 즉 표본들의 휴대 전화 데이터 사용량을 조사하는 것을 **표본조사**(sampling)라고 한다. 표본조사에서 추출한 표본의 개수를 **표본의 크기**라고 한다.

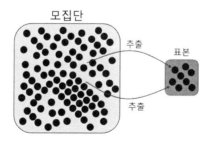

그림 4.23

전수조사는 모집단에 대한 정확한 정보를 얻을 수 있다는 장점은 있지만 시간이 오래 걸리고 비용이 많이 든다는 단점이 있다. 또 자동차의 충돌 실험이나 건전지의 수명과 같이 전수조사가 근본적으로 불가능한 경우도 있다. 그래서 통계조사에는 보통 표본조사를 한 뒤, 그 결과를 이용하여 모집단에 대한 특성을 추측하는 경우가 많다.

표본조사에서는 모집단 중에서 일부분을 추출하여 조사하고 이를 이용하여 모집단의 특성을 추측한다. 앞의 예에서 보았듯이 올해 새로 입학한 신입생들의 한 달 동안 사용한 휴대 전화 데이터의 사용량을 조사하려고 신입생 100명을 선발하여 조사하였다고 하자. 이때 100명을 특정한 단과대학에서 선발하였다면 이 표본은 그 단과대학 신입생들의 한 달 평균 휴대 전화 데이터의 사용량을 알 수는 있지만 모집단인 이 대학 신입생 전체의 한 달 평균 휴대 전화 데이터 사용량을 나타낸다고는 할 수 없다. 따라서 표본은 모집단의 특성을 잘 나타낼 수 있도록 추출되어야 한다.

모집단에서 표본을 추출하는 방법은 여러 가지가 있다. 그 중에서 모집단에 속하는 각 대상이 같은 확률로 추출되도록 하는 방법을 **임의추출**(random sampling)이라고 한다. 표본을 임의추출할 때는 랜덤 주사위, 난수표, 컴퓨터의 난수 프로그램을 사용한다.

어느 모집단에서 표본을 추출할 때, 한 개의 자료를 추출한 뒤 되돌려 놓고 다시 추출하는 것을 **복원추출**(sampling with replacement)이라

| (a) | (b) |

그림 4.24

고 하고, 되돌려 놓지 않고 다시 추출하는 것을 비복원추출(sampling without replacement)이라고 한다. 참고로 모집단의 크기가 충분히 큰 경우에는 비복원추출도 복원추출로 볼 수 있다. 그림 4.24에서 (a)는 복원추출의 예이고 (b)는 비복원 추출의 예이다.

통계학에서 모집단과 가장 유사한 표본을 추출하는 방법은 두 가지가 있다. 개인의 주관적 편견에 치우치지 않고 표본으로 선택될 확률적 기회가 균등하다는 확률표본추출방법(probability sample)과 비확률표본추출방법(non-probability sample)이다. 이 두 가지 추출방법의 가장 큰 차이점은 뒤에서 다룰 표본오차를 계산하느냐 하지 않느냐의 차이이다. 비 확률표본추출방법은 조사자가 확률적으로 균등한 선택기회를 가질 수 없거나 또는 가질 필요가 없을 때 사용된다.

먼저 확률표본추출방법에는 단순 무작위 표본추출, 계통적 표본추출, 층화표본추출 그리고 집락(또는 군집)표본추출방법이 있다. 단순 무작위 표본추출(simple random sampling : SRS)은 모집단을 구성하는 각 요소가 표본으로 선택될 확률을 동등하게 부여하여 표본추출단위가 무작위로 선택되어 지는 경우이다. 방법은 먼저 모집단을 정하고 모집단 내에 포함된 조사 대상들의 명단이 수록된 목록인 표본프레임을 작성한다. 표본프레임의 예를 들면 '한국대학연감'에 수록된 각 대학들의 목록 등이 여기에 속한다. 두 번째로, 각 구성 요소에 고유번호를 부여한다. 세 번째로, 표본의 크기를 결정한다. 표본의 크기를 결정하는 방법은 조금 뒤에 자세히 설명할 것이다. 마지막으로 추첨, 난수표, 컴퓨터 등을 사용하여 무작위로 규정된 표본의 수만큼 표출단위를 선정한다. 단순 무작위 표본추출방법은 모집단에 대한 사전 지식이 필요하지 않고 추출 기회가 동등하고 독립적이기 때문에 추출된 표본의 대표성이 높다는 장점이 있다. 반면에 모집단에 대한 사전지식을 알고 있어도 이 지식을 활용할 수 없고 동일한 크기의 표본인 경우 층화표출에 비해 표본추출오차 가 크다. 또 표본의 크기가 커야 하고 표본프레임의 작성이 어렵다 는 단점이 있다. 계통적 표본추출(systematic sampling)은 모집단을 구성 하는 구성요소들이 자연적 순서나 일정한 규칙에 따라 배열된 목록 에서 일정한 간격을 두고 요소를 추출하여 표본을 형성하는 표본 추출방법이다. 단, 모집단 구성단위의 배열은 비계통적인 무작위 배열로 이루어져야 하고 연구자의 편견을 배제하기 위하여 첫 번째 요소는 반드시 무작위로 선정하여야 한다. 계통적 표본추출은 모집 단의 규모를 파악한 다음 그에 따라 표본의 크기를 결정하고, 모집 단을 형성하는 각 구성단위의 본래의 배열 또는 순서를 파악하여 이용한다. 이 방법은 표본추출이 쉽고 모집단이 클 경우에는 효과 적이며, 모집단 전체에 걸쳐 공평하게 표본을 추출할 수 있으므로 자료의 대표성이 높은 장점이 있다. 반면에 표본으로 선정된 일정 한 추출간격 사이의 조사 단위는 무시되고, 모집단의 배열이 일정한 주기성과 특정 경향성을 보일 경우 편견이 개입되어 대표성이 저해될 수 있다. 층화표본추출(stratified sampling)은 모집단을 일정한 기준에 따라 2개 이상의 동질적인 계층으로 구분하고 각 계층별로 단순무작위추출방법을 적용하는 방법이다. 이 방법은 모집단에 대한 기존 지식을 이용하여 모집단을 몇 개의 소집단으로 구분하되, 각 집단내의 구성요소들이 전체 모집단의 구성요소보다 더 동질적으로 구성한 후에 단순무작위추출방법을 적용하므로 표본의 표준오차를 줄일 수 있고, 표본의 대표성은 높아질 수 있다. 주의할 점은 각 표본추출단위는 반드시 하나의 계층에 속해야 하고, 계층화의 기준은 조사목적과 관련이 있어야 한다. 또한 계층화의 기준 또는 변수에 대한 자료가 정확해야 하고 각 계층 내에서 표본추출 시, 반드시 무작위표본추출을 해야 한다. 이 방법을 사용하면 중요 집단을 빼놓지 않고 표본에 포함시킬 수 있고 동질적 대상은 표본의 수를 줄이더라도 대표성을 높일 수 있다는 장점과 모집단의 각 계층화 집단의 특수성을 알 수 있어 비교가 가능하다는 점이다. 반면에 계층화 시 모집단에 대한 지식이 필요하고 계층화 시 근거가 되는 명부가 없을 경우 많은 시간과 노력이 소요되며 모집단을 계층화하여 가중하였을 경우 원형으로 복귀하기가 어렵다는 단점이 있다. 마지막으로 집락(또는 군집)표본추출(cluster sampling)은 모집단을 서로 다른 구성요소를 포함하는 여러 개의 집락으로 구분한 다음 구분된 집락을 표본추출단위로 하여 무작위로 몇 개의 집락을 표본으로 추출하고 이를 전수조사 혹은 무작위 추출하는 방법이다. 예를 들어, 도시와 농촌지역으로 집락을 구분하여 표본을 추출할 수 있다. 집락표본추출의 장점은 모집단의 목록이 없을 때 이용하고 커다란 모집단에서 이용가능하며 비용도 절감할 수 있고 모집단이 이질성이 높은 집락으로 분류되면 각 집락은 모두 차기 조사의 표본으로 이용될 수 있고 각 집락의 속성으로 모집단의 속성을 쉽게 추측할 수 있다. 반면에 각 군집의 이질성을 확보하기 위한 분류의 기준설정이 어려워 다른 확률표본추출방법보다 표본오차가 더 커질 가능성이 있다.

비확률표본추출 방법에는 편의 또는 임의표본추출, 판단표본추출, 할당표본추출 그리고 누적표본추출이 있다. 편의 또는 임의표본추출(convenience or accidental sampling)은 연구자가 모든 종류의 모집단의 일정 사례, 단위를 표집 하여 일정한 표본추출의 크기가 결정되면 그 표출을 중지하는 방법이다. 연구자 입장에서 손쉬운 대상을 표본으로 선택하는 방법으로 시사프로그램이나 TV 뉴스에서 행인을 대상으로 인터뷰를 하는 형태를 말한다. 이 방법은 경제성과 표출의 용이성 그리고 빠른 결과를 필요로 하는 경우에 사용할 수 있지만 접근이 용이한 조사대상을 선정하므로 일반화가 어려워 표본이 편중되기 쉽고 오차의 개입을 방지하거나 평가하는 방법이 없다는 단점이 있다. 판단표본추출(judgement sampling)은 모집단을 대표하는 것으로 판단되는 사례를 표본으로 선정하는 방법이다. 조사자가 연구목적 달성에 도움이 될 수 있는 구성요소를 의도적으로 표출하는 것으로 모집단 및 구성요소에 대한 풍부한 사전지식을 가지고 있을 때 유용하다. 일반적인 결론을 도출할 목적보다는 본 조사에 앞선 예비조사 등에 사용되는데, 국회의원을 뽑는 총선에서 과거의 선거결과를 잘 대표한 적당한 선거구를 표출하는 것 등이 이에 속한다. 비용이 적게 들고 모집단에 대한 일정한 지식이 있는 경우

표출이 편리하고 정확도가 높을 수 있어 예비조사로서 특정지역을 추출하여 모수와 유사한 수치를 얻을 필요가 있을 때 사용할 수 있다. 그래서 연구 설계와 관련이 있는 요소들을 표본에 포함시킬 수 있다는 장점이 있지만 모집단에 대해 충분한 지식이 있어야 하므로 표본추출에 있어 오차계산이 불가능하여 일반적인 결론을 도출할 경우 무리가 따른다. 할당표본추출(quota sampling)은 판단표본추출의 변형으로써 추출된 표본이 모집단의 특성을 잘 대표할 수 있도록 미리 모집단의 특성을 나타내는 하위집단별로 표본수를 배정한 다음 표본을 추출하는 방법이다. 이 방법은 최종적인 표본추출 단위의 선정은 표본의 설계자 대신 현지 조사원의 주관에 따라 하는데 모집단을 일정한 기준에 따라 분류한다는 점에서는 층화표출과 비슷하나 할당표출은 작위적으로 표본을 추출하고 층화표출은 무작위적 표본추출이라는 점에서 차이가 있다. 표본추출 비용이 적고 결과가 빠르며, 모집단을 구성하고 있는 계층을 골고루 포함하여 대표성을 높일 수는 있지만 모집단 분류에 있어 분류자의 편견이 개입될 수 있다. 누적표본추출(snowball sampling)은 조사의 첫 단계에서 연구자가 임의로 선정한 제한된 표본에 해당하는 사람들로부터 추천을 받아 다른 표본을 선정하는 과정을 되풀이하여 표본을 누적해 가는 방법이다. 연구자가 특수한 모집단의 구성원을 전부 파악하고 있지 못할 경우에 유용하며 전문가들의 의견조사에 사용될 수 있지만 일반화에 문제가 있고 계량화가 어려워 질적 조사연구에 적합하다.

앞의 단순 무작위 표본추출에서 언급하였듯이 표본을 추출할 때, 우리가 주의해야할 또 하나의 중요한 것 이 표본의 크기를 정하는 것 이다. 통계학에서는 보통 최소 표본의 크기를 30으로 정하는 것이 보편적인데, 이는 뒤에서 설명할 '중심극한 정리'때문이다. 하지만 통계학에서의 최소 표본크기는 실제로 설문지를 가지고 응답을 받기 위해 응답자를 선택하는데 있어 현실적으로 어려운 점이 많기 때문에 실제로 고려하여야 할 표본의 크기는 30보다 커야한다. 실제로 가장 널리 사용되고 있는 최소 표본의 크기는 조사목적과 조사방법 그리고 평가항목의 척도 수 등에 따라 달라질 수 있다. 보통 성별과 연령별 등 응답자의 특성별로 나누어서 분석하고자 하는 경우에는 최종 분석단위에서의 표본의 크기는 80이상이 되어야 한다. 표본의 크기는 조사유형, 실시여건, 조사결과의 활용 등에 따라 달라질 수 있으므로 사전에 모든 요소를 고려하여 표본의 크기를 결정하여야 한다. 일반적으로 가장 널리 사용되는 조사목적별, 조사유형별로 사용되는 표본의 크기를 알아보자. 예를 들어 CD제약에서 20대를 위한 비타민의 생산을 앞두고 소비자의 반응을 알아보기 위하여 설문조사를 실시하려고 할 때, 전체 표본의 크기는 얼마로 하여야 할까? 20대 잠재 고객층에는 성별이 남성과 여성으로 2가지, 직업별이 학생과 직장인 그리고 기타로 3가지 분석이 필요하므로 성별 2가지×직업별 3가지에 대하여 각각 최소 30명 이상은 되어야 한다. 따라서 이 경우 전체 표본크기는 적어도 180명은 되어야 한다. 조사유형별 표본의 크기는 산업, 상품, 서비스 특성 및 조사목적에 따라 달라질 수 있다. 다음은 실제로 가장 보편적으로 사용되는 조사유형별 표본 크기의 범위이다. 표본의 크기는 조사유형, 실사여건, 조사결과 활용 등에 따라 달라질 수 있으므로 사전에 모든 요소를 고려하여 표본크기를 결정하여야 한다.

표 4.11 유형별 표본의 크기

유형	표본크기의 범위
이용 실태조사	300 ~ 1,500
브랜드 조사	500 ~ 1,000
만족도 조사	200 ~ 800
광고효과 조사	300 ~ 500
신상품 수용도 조사	200 ~ 1,000

앞에서 설명하였듯이 표본조사의 목적은 모집단에서 추출한 일부분인 표본을 조사하여 모집단의 특성 값인 모수값을 얻기 위해서이다.

따라서 표본은 모집단의 특성이 잘 반영되도록 선택하여야 한다. 표본에 모집단의 특성이 잘 반영되기 위해서는 표본은 모집단의 어느 한 편에 치우침이 없도록 추출하여야 한다.

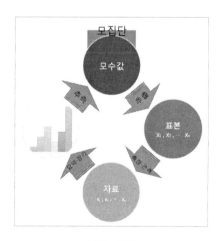

그림 4.25

표본을 추출할 때, 모집단의 각 대상이 표본에 포함될 확률이 같게 추출하는 방법을 임의추출(random sampling)이라 한다. 임의추출된 표본을 확률표본(probability sample)이라 한다.

임의의 모집단에서 모집단의 특성을 나타내는 확률변수를 X 라고 할 때, 확률변수 X 의 확률분포가 모집단의 분포가 된다. 확률변수 X 의 평균을 모평균, 분산을 모분산 그리고 표준편차를 모표준편차라 하고, 이를 각각 기호로

$$\mu \ , \ \sigma^2 \ , \ \sigma$$

로 나타내기로 앞에서 하였었다.

예제 4.14

정육면체의 주사위를 굴려서 한 면을 임의 추출할 때, 주사위 면에 적힌 눈의 숫자를 확률변수 X 라 할 때, 확률변수 X 의 확률분포표를 구하고 모평균과 모분산을 구하여라.

[풀이] 주사위의 확률분포는 그림 4.26과 같다. 이 분포를 표로 나타내면 표 4.12와 같다.

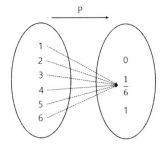

그림 4.26

표 4.12 주사위의 확률분포표

X	1	2	3	4	5	6
$P(X=x_i)$	$\dfrac{1}{6}$	$\dfrac{1}{6}$	$\dfrac{1}{6}$	$\dfrac{1}{6}$	$\dfrac{1}{6}$	$\dfrac{1}{6}$

이때, 모평균, 모분산은 다음과 같다.

$$
\begin{aligned}
\mu &= (1 \times \frac{1}{6}) + (2 \times \frac{1}{6}) + (3 \times \frac{1}{6}) \\
&\quad + (4 \times \frac{1}{6}) + (5 \times \frac{1}{6}) + (6 \times \frac{1}{6}) \\
&= 3.5 \\
\sigma^2 &= (1^2 \times \frac{1}{6}) + (2^2 \times \frac{1}{6}) + (3^2 \times \frac{1}{6}) \\
&\quad + (4^2 \times \frac{1}{6}) + (5^2 \times \frac{1}{6}) \\
&\quad + (6^2 \times \frac{1}{6}) - (3.5)^2 = 2.927
\end{aligned}
$$

한편, 어떠한 모집단에서 임의추출한 크기가 n인 표본 $X_1, X_2, \cdots, X_n$에 대하여, 이들의 평균, 분산, 표준편차를 각각 표본평균, 표본분산, 표본표준편차라 하고 기호로

$$
\overline{x}, s^2, s
$$

와 같이 나타낸다는 것을 마찬가지로 앞에서 약속하였다.

표본평균 $\overline{x}$, 표본분산 s^2, 표본표준편차 s을 구하는 방법은 다음과 같다.

$$\overline{x} = \frac{1}{n} \cdot \sum_{i=1}^{n} X_i = \frac{1}{n}(X_1 + X_2 + \cdots + X_n)$$

$$s^2 = \frac{1}{n-1}\sum_{i=1}^{n}(X_i - \overline{x})^2$$

$$= \frac{1}{n-1}\left\{(X_1 - \overline{x})^2 + (X_2 - \overline{x})^2 + \cdots + (X_n - \overline{x})^2\right\}$$

$$s = \sqrt{s^2}$$

여기서, 표본분산 s^2을 계산할 때 표본평균과는 다르게 $n-1$로 나누는 것은 앞에서도 설명하였듯이 편차의 제곱합을 구할 때 편차의 합이 0이라는 조건이 있기 때문이다. 즉, $E(s^2) = \sigma^2$이 되도록 하기 위해서이다.

참고로 s^2을 구하는 식에서

$$\sum_{i=1}^{n}(X_i - \overline{x})^2 = \sum_{i=1}^{n}X_i^2 - 2\sum_{i=1}^{n}X_i \cdot \overline{x} + n \cdot \overline{x^2}$$

$$= \sum_{i=1}^{n}X_i^2 - n \cdot \overline{x^2}$$

$$= \sum_{i=1}^{n}X_i^2 - \frac{1}{n} \cdot (\sum_{i=1}^{n}X_i)^2$$

이므로,

$$s^2 = \frac{1}{n-1}\sum_{i=1}^{n}(X_i - \overline{x})^2$$

$$= \frac{1}{n-1}\left\{\sum_{i=1}^{n}X_i^2 - \frac{1}{n}(\sum_{i=1}^{n}X_i)^2\right\}$$

이다.

주사위의 눈금 1, 2, 3, 4, 5, 6으로 구성된 모집단에서

(1) 크기가 2인 표본을 임의로 추출하였을 때, 2, 4가 추출되었다. 표본 평균 $\overline{x}$ 와 표본분산 s^2을 구하여라.

(2) 크기가 3인 표본을 임의로 추출하였을 때, 2, 3, 5가 추출되었다. 표본평균 $\overline{x}$ 와 표본분산 s^2을 구하여라.

풀이 (1) 크기가 2인 표본 2, 4를 임의추출하였을 때

$$\overline{x} = \frac{1}{2} \cdot (2+4) = 3$$

$$s^2 = \frac{1}{2-1}\{(2-3)^2 + (4-3)^2\} = 2$$

(2) 크기가 3인 표본 2, 3, 5를 임의추출하였을 때

$$\overline{x} = \frac{1}{3} \cdot (2+3+5) = 3.33$$

$$s^2 = \frac{1}{3-1}\{(2-3.33)^2 + (3-3.33)^2 + (5-3.33)^2\}$$

$$= 2.33$$

이번에는 표본평균의 분포와 모평균과 표본평균 사이의 관계에 대하여 알아보자.

주머니 속에 짝수의 숫자 2, 4, 6, 8의 숫자가 각각 적힌 네 개의 공이 들어 있다. 이 주머니에서 임의로 한 개의 공을 꺼낼 때, 공에 적혀있는 숫자를 확률변수 X 라고 하자. 모집단의 확률분포는 표 4.13과 같이 나타낼 수 있다.

그림 4.27

표 4.13 주머니 속의 공의 확률분포표

X	2	4	6	8	합계
$P(X = x_i)$	$\dfrac{1}{4}$	$\dfrac{1}{4}$	$\dfrac{1}{4}$	$\dfrac{1}{4}$	1

그러므로 확률변수 X의 모평균 μ와 모분산 σ^2 및 표준편차 σ은

$$\mu = 5 \ , \ \ \sigma^2 = 5 \ , \ \ \sigma = \sqrt{5}$$

이다.

이 모집단에서 크기가 2인 표본 X_1, X_2을 복원추출하고, 그 표본평균 $\overline{x} = \dfrac{1}{2}(X_1 + X_2)$을 구하여보자.

표 4.14 표본평균

X_2＼X_1	2	4	6	8
2	2	3	4	5
4	3	4	5	6
6	4	5	6	7
8	5	6	7	8

표본평균 $\overline{x}$의 분포를 표로 나타내면

표 4.15 표본평균의 분포표

$\overline{x}$	2	3	4	5	6	7	8	합계
$P(\overline{X}=\overline{x})$	$\dfrac{1}{16}$	$\dfrac{2}{16}$	$\dfrac{3}{16}$	$\dfrac{4}{16}$	$\dfrac{3}{16}$	$\dfrac{2}{16}$	$\dfrac{1}{16}$	1

따라서 표본평균 $\overline{x}$ 의 평균과 분산은

$$
\begin{aligned}
E(\overline{x}) =\ & (2 \times \frac{1}{16}) + (3 \times \frac{2}{16}) + (4 \times \frac{3}{16}) \\
& + (5 \times \frac{4}{16}) + (6 \times \frac{3}{16}) \\
& + (7 \times \frac{2}{16}) + (8 \times \frac{1}{16}) = 5 \\
V(\overline{x}) =\ & (2^2 \times \frac{1}{16}) + (3^2 \times \frac{2}{16}) + (4^2 \times \frac{3}{16}) \\
& + (5^2 \times \frac{4}{16}) + (6^2 \times \frac{3}{16}) \\
& + (7^2 \times \frac{2}{16}) + (8^2 \times \frac{1}{16}) - 5^2 = \frac{5}{2}
\end{aligned}
$$

문제 4.1

주머니 속에 1, 2, 3, $\cdots$, 9, 10의 숫자가 각각 적힌 공이 10개 가 들어 있다.

(1) 표본의 크기가 3인 표본 2, 4, 6을 임의추출하였을 때의 표본평균 $\overline{x}$ 와 표본표준편차 s 을 구하여라.

(2) 표본의 크기가 3인 표본 3, 5, 7을 임의추출하였을 때의 표본평균 $\overline{x}$ 와 표본표준편차 s 을 구하여라.

여기서, 표본평균 $\overline{x}$의 평균 5는 모평균 μ의 값과 같지만 표본평균 $\overline{x}$의 분산 1은 모분산 5를 표본의 크기 2로 나눈 것과 같다. 마찬가지로 앞의 모집단에서 표본의 크기를 3으로 표본을 복원추출하면 표본평균 값은 모평균과 같고 표본분산의 값은 모분산 값의 $\frac{1}{3}$값과 같다.

일반적으로 모평균이 μ이고 모표준편차가 σ인 모집단에서 크기가 n인 표본을 임의로 추출하면 표본평균 $\overline{x}$의

$$\text{평균 } E(\overline{x}) = \mu,$$

$$\text{분산 } V(\overline{x}) = \frac{\sigma^2}{n},$$

$$\text{표준편차 } \sigma(\overline{x}) = \frac{\sigma}{\sqrt{n}}$$

임을 알 수 있다. 모집단이 충분히 크면 비복원추출의 경우도 성립한다.

앞에서 알아보았듯이 모집단의 분포와 표본의 크기가 2, 3인 표본평균의 분포를 그래프로 나타내면 다음과 같다.

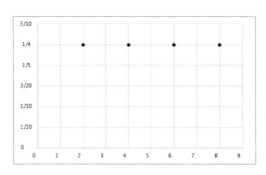

(a) 모집단의 분포

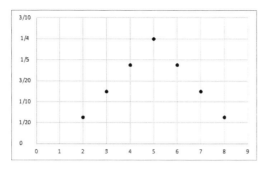

(b) 표본의 크기가 2인 표본평균의 분포

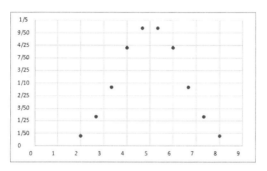

(C) 표본의 크기가 3인 표본평균의 분포

그림 4.28 모집단과 표본평균들의 분포

그림 4.28에서 보듯이 표본의 크기가 커지면 커질수록 표본평균 $\bar{x}$의 분포는 정규분포에 근접함을 알 수 있다.

따라서 표본평균 $\bar{x}$의 분포는 다음과 같은 성질을 갖는다.

- **표본평균 $\overline{x}$의 분포**

모평균과 모표준편차가 각각 μ와 σ인 모집단에서 표본의 크기
가 n인 표본을 임의추출할 때, 표본평균 $\overline{x}$에 대하여

① $E(\overline{x}) = \mu$, $V(\overline{x}) = \dfrac{\sigma^2}{n}$, $\sigma(\overline{x}) = \dfrac{\sigma}{\sqrt{n}}$

② 모집단의 분포가 $N(\mu, \sigma^2)$인 정규분포를 따르면 표본평균
$\overline{x}$도 표본의 크기 n의 크기와 관계없이 정규분포 $N(\mu, \dfrac{\sigma^2}{n})$
을 따른다.

③ 표본의 크기 n이 충분히 크면 모집단의 분포에 관계없이 표
본평균 $\overline{x}$의 분포는 근사적으로 정규분포 $N(\mu, \dfrac{\sigma^2}{n})$을 따
른다.

예제 4.16

모집단이 정규분포 $N(10, 3^2)$을 따른다고 하자. 표본의 크기가 36인
표본을 복원 추출할 때, 표본평균 $\overline{x}$의 분포를 구하여라.

[풀이] 표본의 크기 36은 충분히 크므로 $\overline{x}$의 분포는 근사적으로
정규분포 $N(10, \dfrac{3^2}{36}) = N(10, (\dfrac{1}{2})^2)$을 따른다고 할 수
있다.

문제 4.2

모집단이 정규분포 $N(15, 2^2)$을 따른다고 하자. 표본의 크기가 25인
표본을 임의추출할 때, 표본평균 $\overline{x}$의 평균과 표준편차를 구하여라.

모평균이 30이고 모표준편차가 9인 정규분포를 따르는 모집단에서 표본의 크기가 36인 표본을 복원추출할 때, 표본평균 $\bar{x}$ 의 분포를 구하여라.

4.2.2 모평균의 추정

표본에서 얻은 정보를 사용하여 모평균, 모표준편차와 같은 모집단의 특성을 나타내는 값을 표본을 사용하여 추측하는 것을 **추정**(estimate)이라고 한다.

임의의 모집단의 모평균 μ 가 알려져 있지 않을 때, 표본조사로 얻은 정보로 모평균 μ 를 추측하는 것이 모평균의 추정이다.

표본평균을 사용하여 모집단의 평균인 모평균을 추정하는 방법에 대하여 알아보자.

모집단의 평균인 모평균 μ 에 대한 정보가 알려져 있지 않고, 모

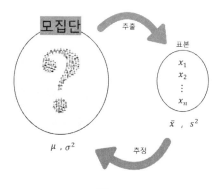

그림 4.29

분산 σ^2이 알려져 있는 정규분포를 따르는 모집단에서 자료의 크기가 n인 표본을 x_1, x_2, $\cdots$, x_n이라고 하자. 이 경우 표본들의 평균 $\overline{x}$는 일반적으로 정규분포 $N\left(\mu, \dfrac{\sigma^2}{n}\right)$를 따른다. 또 표본평균 $\overline{x}$를 표준화한 확률변수 $Z = \dfrac{\overline{x} - \mu}{\dfrac{\sigma}{\sqrt{n}}}$는 표준정규분포 $N(0, 1)$를 따른다.

표준정규분포표에서

$$P(-1.96 \leq Z \leq 1.96) = 0.95$$

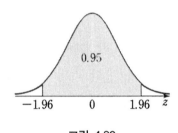

그림 4.30

이므로

$$P\left(-1.96 \leq \dfrac{\overline{x} - \mu}{\dfrac{\sigma}{\sqrt{n}}} \leq 1.96\right) = 0.95$$

$$\Rightarrow P\left(\overline{x} - 1.96\dfrac{\sigma}{\sqrt{n}} \leq \overline{x} \leq \overline{x} + 1.96\dfrac{\sigma}{\sqrt{n}}\right) = 0.95$$

이다. 이것은 $\overline{x} - 1.96\dfrac{\sigma}{\sqrt{n}}$ 이상 $\overline{x} + 1.96\dfrac{\sigma}{\sqrt{n}}$ 이하인 범위에 모평균 μ가 포함될 확률이 0.95임을 나타낸다. 즉,

$$\overline{x} - 1.96\dfrac{\sigma}{\sqrt{n}} \leq \mu \leq \overline{x} + 1.96\dfrac{\sigma}{\sqrt{n}}$$

를 모평균 μ의 **신뢰도**(reliability) 95%인 모평균 μ의 **신뢰구간**(confidence interval) 이라고 한다. 마찬가지로 $P(-2.58 \leq Z \leq 2.58) = 0.99$ 이므로 모평균 μ의 신뢰도 99%의 신뢰구간을 구하면 다음과 같다.

$$\overline{x} - 2.58 \frac{\sigma}{\sqrt{n}} \leq \mu \leq \overline{x} + 2.58 \frac{\sigma}{\sqrt{n}}$$

예제 4.17

어느 소비자보호 기관에서 새롭게 출시된 USB 저장 장치의 출고가격을 조사하였다. 임의로 선발한 40개의 제품의 출고가격이 다음과 같이 주어졌다고 하자.

표 4.16 임의로 선발한 40개의 USB메모리 판매가격 (단위:원)

21,295	23,952	10,753	13,240	21,349	19,540	13,256	29,861
18,030	22,236	17,112	23,797	15,746	22,960	19,427	29,682
20,718	24,449	20,300	21,609	21,861	12,254	29,663	23,419
19,630	6,111	22,398	15,550	20,992	20,488	24,154	26,008
18,746	14,766	22,140	22,608	11,371	17,958	24,153	25,417

(1) 이들 판매가격에 대한 표본평균 $\overline{x}$의 값을 수하여라.

(2) 40개의 새로운 모델의 USB메모리의 평균 판매가격 $\overline{x}$가 모집단의 평균 판매가격 μ로부터 1,000원 이내에 놓일 확률을 구하여라.

[풀이] (1) 이들 40개의 USB메모리의 평균 출고가격은

$$\overline{x} = \frac{\sum\limits_{i=1}^{n} x_i}{n} = \frac{808,999}{40} = 20,225(원)$$

이다.

⑵ 계산의 단순성을 위하여 모표준편차 σ가 4,200원이라고
하자. 구하는 확률은

$$P(\mu - 10,000 \leq \overline{x} \leq \mu + 10,000)$$

이다. 이 확률값을 계산하기 위하여 표본평균 $\overline{x}$의 분포를 알
아야 한다. 실제 표본의 크기 n이 $n = 40$이므로 중심극한 정
리를 적용하면 확률변수 $\overline{x}$는 근사적으로 정규분포를 따른다.
평균은 μ이고 표준편차는 $\dfrac{\sigma}{\sqrt{n}} = \dfrac{4,200}{\sqrt{40}} = 664.08$이다.
따라서 확률 $P(\mu - 10,000 \leq \overline{x} \leq \mu + 10,000)$은 평균이
μ이고 표준편차가 664.08인 정규곡선 아래의 구간 $(\mu - 1,000,$
$\mu + 1,000)$ 사이의 면적과 같다.

$$\overline{x} = \mu - 1,000 \quad \Rightarrow \quad z = \frac{(\mu - 1,000) - \mu}{664.08} = -1.51$$

$$\overline{x} = \mu + 1,000 \quad \Rightarrow \quad z = \frac{(\mu + 1,000) - \mu}{664.08} = 1.51$$

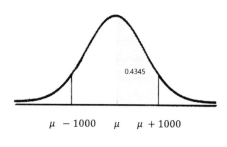

그림 4.31

빗금친 부분의 면적은 0.4345 이므로

$$P(\mu - 10,000 \leq \overline{x} \leq \mu + 10,000)$$

$$= 0.4345 + 0.4345 = 0.8690$$

이다. 다시 말하면 40개의 USB메모리의 평균 공장도가격 $\bar{x}$ 가 전체의 평균 공장도 판매가격 μ로부터 1,000원이내에 있을 가능성은 약 87%이다.

문제 4.4

A통조림 회사에서 생산한 참치 통조림의 무게는 평균이 μ g이고 표준편차가 2g인 정규분포를 따른다고 하자. 이 회사에서 생산한 참치 통조림 36개를 임의로 추출하여 조사한 결과 통조림의 무게의 평균은 150g이었다. 이 회사에서 생산한 전체 통조림의 평균 무게에 대한 신뢰도 95%인 신뢰구간을 구하여라.

정규분포를 따르는 모집단의 모평균에 대한 신뢰구간을 구할 때, 모표준편차 σ를 모르는 경우도 있을 수 있다. 이러한 경우에 표본의 크기 n이 충분히 크기만(일반적으로 $n \geq 30$) 하면 표본의 표준편차 s는 모집단의 표준편차와 큰 차이가 없음은 이미 알려져 있다. 따라서 이러한 경우에는 모집단의 표준편차 σ 대신에 표본의 표준편차 s를 사용하여 신뢰구간을 구할 수 있다.

예제 4.18

모 대학에서 새로 개발한 휴대 전화용 학사정보 앱에 대한 학생들의 만족도를 조사하였다. 임의로 추출한 81명의 학생들의 평가 점수는 평균 65점이고 표준편차가 13점이었다. 학생들의 평가 점수가 정규분포를 따른다고 가정할 때, 학생들의 평가 점수에 대한 모평균 μ의 신뢰도 95%의 신뢰구간을 구하여라.

[풀이] 표본의 개수 $n = 81$, 표본의 평균 $\overline{x} = 65$ 이고 표본의 표준편차 $s = 13$이다. 표본의 크기가 충분히 크다고 할 수 있으므로 모표준편차 $\sigma = 13$으로 생각할 수 있다. 따라서 모평균 μ의 신뢰도 95%의 신뢰구간은

$$65 - 1.96 \frac{13}{\sqrt{81}} \leq \mu \leq 65 + 1.96 \frac{13}{\sqrt{81}}$$

이므로,

$$62.167 \leq \mu \leq 67.83$$

이다.

문제 4.5

예제 4.18에서 학생들의 평가 점수에 대한 모평균 μ의 신뢰도 99%의 신뢰구간을 구하여라.

4.2.3 모비율의 추정

선거에서 특정 후보의 지지율이나 특정 텔레비전 프로그램의 시청률 등의 조사는 모집단 전체에서 어떤 특성을 갖는 대상들의 비율을 추측하고자 하는 경우의 조사이다. 이와 같이 모집단 전체에서 특정 사건에 대한 비율을 조사할 때, 그 비율을 그 사건에 대한 **모비율**(population proportion)이라고 하고, 기호로 p 라고 나타낸다. 또 그 모집단에서 임의로 추출한 n개의 표본에서의 비율을 그 사건에 대한 **표본비율**(sample proportion)이라고 하고, 기호로 $\hat{p}$ 라고 나타낸다.

임의의 모집단에서 임의로 추출한 크기가 n인 표본에서 어떠한

사건이 발생한 횟수를 확률변수 X 라고 하자. 이 사건에 대한 표본 비율 $\hat{p}$ 는 다음과 같이 구한다.

$$\hat{p} = \frac{X}{n}$$

예제 4.19

모 대학교의 재학생수가 4,156명 중에서 여학생이 1,503명이라고 한다.

(1) 이 대학교의 재학생을 모집단으로 했을 때, 여학생의 모비율을 구하여라.

(2) 재학생 중 임의로 추출한 150명 중에서 여학생이 56명이라면 표본 비율을 구하여라.

[풀이] (1) $p = \dfrac{1,503}{4,156} = 0.36$,   (2) $\hat{p} = \dfrac{56}{150} = 0.37$

문제 4.6

어느 볼트 생산 공장에서 생산되는 제품 중 500개를 임의로 추출하여 조사한 결과 불량품이 8개가 있었다고 할 때, 표본의 불량률 $\hat{p}$ 를 구하여라.

임의의 모집단에서 어떤 사건 A 의 모비율을 p 라고 하면 한 번의 시행에서 사건 A 가 발생할 확률은 p 이다. 이 모집단에서 임의로 추출한 크기가 n 인 표본 중에서 사건 A 가 발생할 횟수를 확률변수 X 라고 하면 확률변수 X 가 가지는 값은 $0, 1, 2, 3, \cdots, n$ 이고 확률변수 X 는 이항분포 $B(n, p)$ 를 따른다. 그러므로 확률

변수 X의 평균과 분산은 각각

$$E(X) = np , \quad V(X) = np(1-p)$$

이다. 또, 표본비율 $\hat{p}$의 평균과 분산은 각각

$$E(\hat{p}) = E\left(\frac{X}{n}\right) = \frac{1}{n} E(X) = \frac{1}{n} \cdot np = p$$

$$V(\hat{p}) = V\left(\frac{X}{n}\right) = \frac{1}{n^2} V(X) = \frac{1}{n^2} \cdot np(1-p) = \frac{p(1-p)}{n}$$

이다. 물론 표본비율 $\hat{p}$의 표준편차 $\sigma(\hat{p})$는 $\sqrt{V(\hat{p})} = \sqrt{\dfrac{p(1-p)}{n}}$ 이다.

일반적으로 표본의 크기 n이 충분히 크면, 표본비율 $\hat{p}$는 정규분포 $N\left(p, \dfrac{p(1-p)}{n}\right)$를 따르므로 표본비율 $\hat{p}$를 표준화한 확률변수 $Z = \dfrac{\hat{p} - p}{\sqrt{\dfrac{p(1-p)}{n}}}$ 는 표준정규분포 $N(0,1)$를 따른다.

예제 4.20

모 대학 재학생을 대상으로 사용하고 있는 휴대 전화기의 제조사를 조사하였더니 B회사 제품이 20%로 조사되었다. 이 대학 재학생 중에서 임의로 64명을 뽑을 때, B회사의 제품을 사용하는 학생이 16명 이상 20명 이하일 확률을 구하여라.

풀이 먼저 표본비율 $\hat{p}$ 의 평균과 표준편차를 각각 구하여 보자.

$$E(\hat{p}) = p = 0.2$$

$$\sigma(\hat{p}) = \sqrt{\frac{p(1-p)}{n}} = \sqrt{\frac{0.2 \times 0.8}{64}} = 0.05$$

표본 n의 크기가 적당히 크므로, $\hat{p}$의 분포는 정규분포 $N(0.2 , 0.05^2)$을 따른다.

표본비율 $\hat{p}$ 을 표준화하면 $z = \dfrac{\hat{p} - 0.2}{0.05}$ 이므로 구하려는 확률

$$P\left(\frac{16}{64} \leq \hat{p} \leq \frac{20}{64}\right)$$

$$= P\left(\frac{0.25 - 0.2}{0.05} \leq z \leq \frac{0.3125 - 0.2}{0.05}\right)$$

$$= P(1 \leq z \leq 2.25)$$

$$= P(0 \leq z \leq 2.25) - P(0 \leq z \leq 1)$$

$$= 0.4878 - 0.03413$$

$$= 0.1465$$

이다.

문제 4.7

모 대학교 학생생활연구소 조사에 의하면 이 대학교 학생들의 70% 는 수면 시간이 7시간 이상이라고 한다. 이 대학교 학생 36명을 임의 로 추출하여 조사하였을 때, 수면 시간이 7시간 이상인 학생의 비율 이 85% 이상 95% 이하일 확률을 구하여라.

표본평균을 이용하여 모평균을 추정할 수 있듯이 표본비율을 이 용하여 모비율도 추정할 수 있다.

임의의 모집단에서 크기가 n인 표본을 임의로 추출할 때, 표본의 크기 n을 충분히 크게 하면 표본비율 $\hat{p}$를 표준화한 확률변수 $Z = \dfrac{\hat{p} - p}{\sqrt{\dfrac{p(1-p)}{n}}}$는 근사적으로 표준정규분포 $N(0\,,1)$을 따른다고 할 수 있다. 만약 표본의 크기 n이 충분히 크기만 하면 $\hat{p}$의 표준편차 $\sqrt{\dfrac{p(1-p)}{n}}$에서 모비율 p 대신에 표본비율 $\hat{p}$를 이용한 $Z = \dfrac{\hat{p} - p}{\sqrt{\dfrac{\hat{p}(1-\hat{p})}{n}}}$도 근사적으로 표준정규분포 $N(0\,,1)$을 따른다.

표준정규분포에서

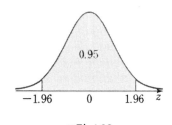

그림 4.32

$$P(-1.96 \leq Z \leq 1.96) = 0.95$$

이므로

$$P\left(-1.96 \leq \frac{\hat{p} - p}{\sqrt{\dfrac{\hat{p}(1-\hat{p})}{n}}} \leq 1.96\right) = 0.95$$

$$P\left(\hat{p} - 1.96\sqrt{\frac{\hat{p}(1-\hat{p})}{n}} \leq p \leq \hat{p} + \sqrt{\frac{\hat{p}(1-\hat{p})}{n}}\right) = 0.95$$

이다.

이것은 $\hat{p} - 1.96 \sqrt{\dfrac{\hat{p}(1-\hat{p})}{n}}$ 이상 $\hat{p} + 1.96 \sqrt{\dfrac{\hat{p}(1-\hat{p})}{n}}$ 이하인 범위에 모비율 p가 포함될 확률이 0.95임을 의미한다. 즉,

$$\hat{p} - 1.96 \sqrt{\frac{\hat{p}(1-\hat{p})}{n}} \le p \le \hat{p} + 1.96 \sqrt{\frac{\hat{p}(1-\hat{p})}{n}}$$

을 모비율 p의 신뢰도 95%의 신뢰구간이라고 한다.

마찬가지로 $P(-2.58 \le Z \le 2.58) = 0.99$이므로 신뢰도 99%인 모비율 p의 신뢰구간은

$$\hat{p} - 2.58 \sqrt{\frac{\hat{p}(1-\hat{p})}{n}} \le p \le \hat{p} + 2.58 \sqrt{\frac{\hat{p}(1-\hat{p})}{n}}$$

이다.

예제 4.21

최근 모시에서 생활폐기물 소각장 신축을 위한 주민들의 여론 조사를 실시하였다. 주민 80명을 임의로 추출하여 조사하였더니 56명이 반대를 하였다. 이 도시의 전체 시미 중 생활폐기물 소각장 신설을 반대하는 비율에 대한 신뢰도 95%인 신뢰구간을 구하여라.

풀이 $n = 80$, $\hat{p} = 0.7$, $(1-p) = 0.3$이므로 이 도시의 전체 시민 중에서 생활폐기물 소각장 설치를 반대하는 비율에 대한 신뢰도 95%인 신뢰구간의 양 끝값은

$$\hat{p} - 0.96 \sqrt{\frac{\hat{p}(1-\hat{p})}{n}} = 0.7 - 1.96 \sqrt{\frac{0.7 \times 0.3}{80}}$$
$$= 0.7 - 0.0512 = 0.6488$$

$$\hat{p} + 0.96 \sqrt{\frac{\hat{p}(1-\hat{p})}{n}} = 0.7 + 1.96 \sqrt{\frac{0.7 \times 0.3}{80}}$$

$$= 0.7 + 0.0512 = 0.7512$$

따라서 구하는 신뢰구간은 $0.6488 \leqq p \leqq 0.7512$ 이다.

문제 4.8

어느 도시에서 임의로 추출한 100가구 중에서 20가구가 자녀가 3명 이상인 다자녀 가구로 조사되었다. 이 도시에 거주하는 가구 중에서 자녀가 3명이상인 다자녀 가구의 비율 p의 신뢰도 99%의 신뢰구간 을 구하여라.

연습문제 4.2

01 N도시의 오리농장에서 키우는 오리의 무게는 표준편차가 0.7kg인 정규분포를 따른다고 한다. 이 농장에서 오리 1500마라를 임의로 추출하여 무게를 조사하였더니 평균 5.7kg이었다. 이 농장에서 오리의 무게의 모평균 μ를 추정할 때, 신뢰도 95%의 신뢰구간을 구하여라.

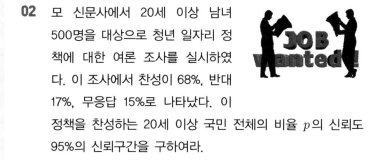

02 모 신문사에서 20세 이상 남녀 500명을 대상으로 청년 일자리 정책에 대한 여론 조사를 실시하였다. 이 조사에서 찬성이 68%, 반대 17%, 무응답 15%로 나타났다. 이 정책을 찬성하는 20세 이상 국민 전체의 비율 p의 신뢰도 95%의 신뢰구간을 구하여라.

연습문제 풀이

1.1

1. 기술통계학과 추리통계학
2. 국상학, 정치 산술학, 근대확률이론

1.2

1. 측정자료
2. (1) 측정자료
   (2) 순서자료
   (3) 질적자료
3. (1) 높이   (2) 무게   (4) 형광등의 수명
4. 아무런 의미가 없다.

1.3

1. (1) 19.67   (2) 19.35   (3) 19   (4) 19, 20.2   (5) 1.2, 0.6
   (6) 2.2   (7) 0.664   (8) 0.782368   (9) 3.977, 0.0306

2.1

1. 20
2. 다섯 명의 학생을 m1, m2, m3, m4, m5라고 하고, 각 학생이 가져온 분필을 분필 1, 분필 2, 분필 3, 분필 4, 분필 5라고 하자.

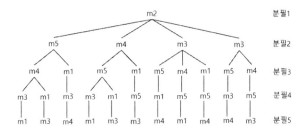

학생 m2가 학생 m1이 가져온 분필을 사용하는 경우를 살펴보자.
위 그림에서 m1이 가져온 분필을 m2가 사용하는 경우는 11가
지이다. 마찬가지 방법으로 m1이 가져온 분필을 m3, m4, m5가
사용 하는 경우도 각각 11가지이므로 구하는 경우의 수는
$11 \times 4 = 44$(가지)이다.

2.2

1. (1) 파란색 화분 4개를 일렬로 나열한 뒤, 그 사이에 노란색 화
       분 3개를 나열하면 되므로 구하는 방법의 수는 $4! \cdot 3!$
       $= 144$
   (2) 노란색 화분 3개를 하나로 생각하면, 5개의 화분을 일렬로
       나열하는 방법의 수는 $5! = 120$
       각 경우에 대하여 노란색 화분 3개의 위치를 바꾸는 방법의
       수가 $3!$ 이므로 구하는 방법의 수는 $120 \times 3! = 720$
   (3) 파란색 화분 2개를 양 끝에 놓는 방법의 수는 $_4P_2 = 12$
       각 경우에 대하여 나머지 5개의 화분을 나열하는 방법의 수
       가 $5!$ 이므로 구하는 방법의 수는 $12 \times 5! = 1440$

2. 한 자리수의 개수는 5
   두 자리수의 개수는 $5 \times {_6}\Pi_1 = 30$
   세 자리수의 개수는 $5 \times {_6}\Pi_2 = 180$

네 자리수 중에서 천의 자리 숫자가 1인 수의 개수는

$$_6 \Pi_3 = 216$$

네 자리수 중에서 천의 자리 숫자가 2인 수의 개수는

$$_6 \Pi_3 = 216$$

따라서 3000 보다 작은 수의 개수는 $5 + 30 + 180 + 216 + 216$ $= 647$ 이므로 3000은 648번째 수이다.

2.3

1. 아래 그림과 같이 C 지점과 D 지점을 연결하는 도로가 있다고 가정하자. A 지점을 출발하여 B 지점까지 가는 최단 거리의 경우의 수는 $\dfrac{8!}{5! \cdot 3!} = 56$(가지)이다.

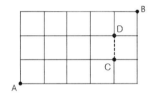

이 중에서 C 지점과 D 지점을 연결하는 도로를 지나는 경우의 수는

$$\frac{5!}{4! \cdot 1!} \cdot 1 \cdot \frac{2!}{1! \cdot 1!} = 10 \text{(가지)}$$

이다. 따라서 구하려는 경우의 수는 $56 - 10 = 46$(가지)이다.

2. 각 자리의 숫자가 '0' 이나 '1'로 나타내어지는 여섯 자리 숫자들의 나열에서

(i) 숫자 '1'이 연속해서 세 자리가 나오는 경우는

$$1110\square\square, \ 01110\square, \ \square01110, \ \square\square0111$$

이다. 앞의 여섯 자리 숫자들의 나열에서 □에 넣을 수 있는 숫

자는 '0' 또는 '1'이므로

$$2^2 + 2 + 2 + 2^2 = 12(가지)$$

이다.

(ii) 숫자 '1'이 연속해서 네 자리가 나오는 경우는

$$11110\square, \quad \square01111, \quad 011110$$

이다. 앞의 여섯 자리 숫자들의 나열에서 □에 넣을 수 있는 숫자는 '0' 또는 '1'이므로

$$2 + 2 + 1 = 5(가지)$$

이다.

(iii) 숫자 '1'이 연속해서 다섯 자리가 나오는 경우는

$$111110, \quad 011111$$

이므로 2가지이다.

(iv) 숫자 '1'이 연속해서 여섯 자리가 나오는 경우는

$$111111$$

이므로 1가지이다.

따라서, 구하려는 보안 카드의 총 개수는

$$12 + 5 + 2 + 1 = 20(가지)$$

이다.

3.1

1. $\dfrac{56}{143}$

2. 7명이 각자의 자리를 정하는 경우의 수는 7!(가지)이다.
   Y와 J가 첫 번째 줄에 앉는 경우의 수는 $2 \times 5!$(가지)
   Y와 J가 두 번째 줄에 앉는 경우의 수는 $4 \times 5!$(가지)

Y와 J가 세 번째 줄에 앉는 경우의 수는 $2 \times 5!$(가지)

따라서 구하는 확률은

$$\frac{2 \times 5! + 4 \times 5! + 2 \times 5!}{7!} = \frac{4}{21} (가지)$$

이다.

3.2

1. 여학생이 포함되거나 2학년 학생이 포함되는 사건을 A이라고 하면 1학년 남학생 중에서 2명의 대표가 선발되는 사건은 A 사건의 여사건인 A^C이다.

$$P(A^C) = \frac{_3C_2}{_{20}C_2} = \frac{3}{190}$$

이므로 구하려는 확률은

$$P(A) = 1 - P(A^C) = 1 - \frac{3}{190} = \frac{187}{190}$$

이다.

2. C 타자가 안타를 치고 출루하는 경우를 0, 그렇지 않은 경우를 X라고 하자. 3번의 대결 중에서 2번 이상 안타를 치고 출루할 경우는

$$0 \, X \, 0, \quad 0 \, 0 \, X, \quad X \, 0 \, 0, \quad 0 \, 0 \, 0$$

이다. 각 경우의 확률을 구하여 보자.

(i) 0 X 0인 경우

$$\frac{1}{4} \times \frac{3}{4} \times \frac{1}{3} = \frac{1}{16}$$

(ii) 0 0 X인 경우

$$\frac{1}{4} \times \frac{3}{4} \times \frac{2}{3} = \frac{1}{24}$$

(iii) X 0 0인 경우

$$\frac{3}{4} \times \frac{1}{4} \times \frac{1}{3} = \frac{1}{16}$$

(iv) 0 0 0인 경우

$$\frac{1}{4} \times \frac{1}{4} \times \frac{1}{3} = \frac{1}{48}$$

이므로, 구하는 확률은

$$\frac{1}{16} + \frac{1}{24} + \frac{1}{16} + \frac{1}{48} = \frac{3}{16}$$

이다.

4.1

1. $E(X) = (-1) \cdot \frac{1}{3} + 0 \cdot \frac{5}{9} + 1 \cdot \frac{1}{9} = -\frac{2}{9}$

    $V(X) = (-1)^2 \cdot \frac{1}{3} + 0^2 \cdot \frac{5}{9} + 1^2 \cdot \frac{1}{9} - (-\frac{2}{9})^2$

    $\quad\ = \frac{4}{9} - \frac{4}{81}$

    $\quad\ = \frac{32}{81}$

2. $E(X) = 25 \cdot \frac{1}{3} = 8\frac{1}{3}$

    $V(X) = 25 \cdot \frac{1}{3} \cdot \frac{2}{3} = 5\frac{5}{9}$

3. (1) 0.3849   (2) 0.2266

4.2

1. $n = 1500$, $\bar{x} = 5.7$, $\sigma = 0.7$ 이므로 구하려는 신뢰구간은

$$5.7 - 1.96 \cdot \frac{0.7}{\sqrt{1500}} \leq \mu \leq 5.7 + 1.96 \cdot \frac{0.7}{\sqrt{1500}}$$

$$5.6646 \leq \mu \leq 5.7354$$

2. 표본비율은 0.68이고, 표본의 크기 500이 충분히 크므로 모비율 p의 신뢰도 95%의 신뢰구간은

$$0.68 - 1.96 \cdot \sqrt{\frac{0.68 \times 0.32}{500}} \leq p$$

$$\leq 0.68 + 1.96 \cdot \sqrt{\frac{0.68 \times 0.32}{500}}$$

$$0.68 - 0.0409 \leq p \leq 0.68 + 0.0409$$

$$0.6391 \leq p \leq 0.7209$$

$$P(X \le c) = \sum_{x=0}^{c} \binom{n}{x} p^x (1-p)^{n-x}$$

		.05	.10	.20	.30	.40	p .50	.60	.70	.80	.90	.95
	c											
$n=1$	0	.950	.900	.800	.700	.600	.500	.400	.300	.200	.100	.050
	1	1.000	1.000	1.000	1.000	1.000	1.000	1.000	1.000	1.000	1.000	1.000
$n=2$	0	.902	.810	.640	.490	.360	.250	.160	.090	.040	.010	.002
	1	.997	.990	.960	.910	.840	.750	.640	.510	.360	.190	.97
	2	1.000	1.000	1.000	1.000	1.000	1.000	1.000	1.000	1.000	1.000	1.000
$n=3$	0	.857	.729	.512	.343	.216	.125	.064	.027	.008	.001	.000
	1	.993	.972	.896	.784	.648	.500	.352	.216	.104	.028	.007
	2	1.000	.999	.992	.973	.936	.875	.784	.667	.488	.271	.143
	3	1.000	1.000	1.000	1.000	1.000	1.000	1.000	1.000	1.000	1.000	1.000
$n=4$	0	.815	.656	.410	.240	.130	.063	.026	.008	.002	.000	.000
	1	.986	.948	.819	.652	.475	.313	.179	.084	.027	.004	.000
	2	1.000	.996	.973	.916	.821	.688	.525	.348	.181	.052	.014
	3	1.000	1.000	.998	.992	.974	.938	.870	.760	.590	.344	.185
	4	1.000	1.000	1.000	1.000	1.000	1.000	1.000	1.000	1.000	1.000	1.000
$n=5$	0	.774	.590	.328	.168	.078	.031	.010	.002	.000	.000	.000
	1	.977	.919	.737	.528	.188	.188	.087	.031	.007	.000	.000
	2	.999	.991	.942	.837	.683	.500	.317	.163	.058	.009	.001
	3	1.000	1.000	.993	.969	.913	.813	.663	.472	.263	.081	.023
	4	1.000	1.000	1.000	.998	.990	.969	.922	.832	.672	.410	.226
	5	1.000	1.000	1.000	1.000	1.000	1.000	1.000	1.000	1.000	1.000	1.000
$n=6$	0	.735	.531	.262	.118	.047	.016	.004	.001	.000	.000	.000
	1	.967	.886	.655	.420	.233	.109	.011	.011	.002	.000	.000
	2	.998	.984	.901	.744	.544	.344	.070	.070	.017	.001	.000
	3	1.000	.999	.983	.930	.821	.656	.256	.256	.099	.016	.002
	4	1.000	1.000	.998	.989	.959	.891	.580	.580	.345	.114	.033
	5	1.000	1.000	1.000	.999	.996	.984	.882	.882	.738	.469	.265
	6	1.000	1.000	1.000	1.000	1.000	1.000	1.000	1.000	1.000	1.000	1.000
$n=7$	0	.698	.478	.210	.082	.028	.008	.002	.000	.000	.000	.000
	1	.956	.850	.577	.329	.159	.063	.019	.004	.000	.000	.000
	2	.996	.974	.852	.647	.420	.227	.096	.029	.005	.000	.000
	3	1.000	.997	.967	.874	.710	.500	.290	.126	.033	.033	.000
	4	1.000	1.000	.995	.971	.904	.773	.580	.353	.148	.026	.004

	c	.05	.10	.20	.30	.40	p .50	.60	.70	.80	.90	.95
	5	1.000	1.000	1.000	.996	.981	.938	.841	.671	.423	.150	.044
	6	1.000	1.000	1.000	1.000	.998	.992	.972	.918	.790	.522	.302
	7	1.000	1.000	1.000	1.000	1.000	1.000	1.000	1.000	1.000	1.000	1.000
$n=8$	0	.663	.430	.168	.058	.017	.004	.001	.000	.000	.000	.000
	1	.943	.813	.503	.255	.106	.035	.009	.001	.000	.000	.000
	2	.994	.962	.797	.552	.315	.145	.050	.011	.001	.000	.000
	3	1.000	.995	.944	.806	.594	.363	.174	.058	.010	.000	.000
	4	1.000	1.000	.990	.942	.826	.637	.406	.194	.056	.005	.000
	5	1.000	1.000	.999	.989	.950	.855	.685	.448	.203	.038	.006
	6	1.000	1.000	1.000	.999	.991	.965	.894	.745	.497	.187	.057
	7	1.000	1.000	1.000	1.000	.999	.996	.983	.942	.832	.570	.337
	8	1.000	1.000	1.000	1.000	1.000	1.000	1.000	1.000	1.000	1.000	1.000
$n=9$	0	.630	.387	.134	.040	.010	.002	.000	.000	.000	.000	.000
	1	.929	.775	.436	.196	.071	.020	.004	.000	.000	.000	.000
	2	.992	.947	.738	.463	.232	.090	.025	.004	.000	.000	.000
	3	.999	.992	.914	.730	.483	.254	.099	.025	.003	.000	.000
	4	1.000	.999	.980	.901	.733	.500	.267	.099	.020	.001	.000
	5	1.000	1.000	.997	.975	.901	.746	.517	.270	.086	.008	.001
	6	1.000	1.000	1.000	.996	.975	.910	.768	.537	.262	.053	.008
	7	1.000	1.000	1.000	1.000	.996	.980	.929	.804	.564	.225	.071
	8	1.000	1.000	1.000	1.000	1.000	.998	.990	.960	.866	.613	.370
	9	1.000	1.000	1.000	1.000	1.000	1.000	1.000	1.000	1.000.	1.000.	1.000.
$n=10$	0	.599	.349	.107	.028	.006	.001	.000	.000	.000	.000	.000
	1	.914	.736	.376	.149	.046	.011	.011	.000	.000	.000	.000
	2	.988	.930	.678	.383	.167	.055	.055	.002	.000	.000	.000
	3	.999	.987	.879	.650	.382	.172	.172	.011	.001	.000	.000
	4	1.000	.998	.967	.850	.633	.377	.377	.047	.006	.000	.000
	5	1.000	1.000	.994	.953	.834	.623	.623	.150	.033	.002	.000
	6	1.000	1.000	.999	.989	.945	.828	.828	.350	.121	.013	.001
	7	1.000	1.000	1.000	.998	.988	.945	.945	.617	.322	.070	.012
	8	1.000	1.000	1.000	1.000	.998	.989	.989	.851	.624	.264	.086
	9	1.000	1.000	1.000	1.000	1.000	.999	.999	.972	.893	.651	.401
	10	1.000	1.000	1.000	1.000	1.000	1.000	1.000	1.000	1.000	1.000	1.000
$n=11$	0	.569	.314	.086	.020	.004	.000	.000	.000	.000	.000	.000
	1	.898	.697	.322	.113	.030	.006	.001	.000	.000	.000	.000
	2	.985	.910	.617	.313	.119	.033	.006	.001	.000	.000	.000
	3	.998	.981	.839	.570	.296	.113	.029	.004	.000	.000	.000

		.05	.10	.20	.30	.40	p .50	.60	.70	.80	.90	.95
	c											
	4	1.000	.997	.950	.790	.533	.274	.099	.022	.002	.000	.000
	5	1.000	1.000	.998	.922	.753	.500	.247	.078	.012	.000	.000
	6	1.000	1.000	.998	.978	.901	.726	.467	.210	.050	.003	.000
	7	1.000	1.000	1.000	.996	.971	.887	.704	.430	.161	.019	.002
	8	1.000	1.000	1.000	1.000	.994	.967	.881	.687	.383	.090	.015
	9	1.000	1.000	1.000	1.000	.999	.994	.970	.887	.678	.303	.102
	10	1.000	1.000	1.000	1.000	1.000	1.000	.996	.980	.914	.686	.431
	11	1.000	1.000	1.000	1.000	1.000	1.000	1.000	1.000	1.000	1.000	1.000
$n=12$	0	.540	.282	.069	.014	.002	.000	.000	.000	.000	.000	.000
	1	.882	.659	.275	.085	.020	.003	.000	.000	.000	.000	.000
	2	.980	.889	.558	.253	.083	.019	.003	.000	.000	.000	.000
	3	.998	.974	.795	.493	.225	.073	.015	.002	.000	.000	.000
	4	1.000	.996	.927	.724	.438	.194	.057	.009	.001	.000	.000
	5	1.000	.999	.981	.882	.665	.387	.158	.039	.004	.000	.000
	6	1.000	1.000	.996	.961	.842	.613	.335	.118	.019	.001	.000
	7	1.000	1.000	.999	.991	.943	.806	.562	.276	.073	.004	.000
	8	1.000	1.000	1.000	.998	.985	.927	.775	.507	.205	.026	.002
	9	1.000	1.000	1.000	1.000	.997	.981	.917	.747	.442	.111	.020
	10	1.000	1.000	1.000	1.000	1.000	.997	.980	.915	.725	.341	.118
	11	1.000	1.000	1.000	1.000	1.000	1.000	.998	.986	.931	.718	.460
	12	1.000	1.000	1.000	1.000	1.000	1.000	1.000	1.000	1.000	1.000	1.000
$n=13$	0	.513	.254	.055	.010	.001	.000	.000	.000	.000	.000	.000
	1	.865	.621	.234	.064	.013	.002	.000	.000	.000	.000	.000
	2	.975	.866	.502	.202	.058	.011	.000	.000	.000	.000	.000
	3	.997	.966	.747	.421	.169	.046	.001	.000	.000	.000	.000
	4	1.000	.994	.901	.654	.353	.133	.004	.000	.000	.000	.000
	5	1.000	.999	.970	.835	.574	.291	.018	.001	.001	.000	.000
	6	1.000	1.000	.993	.938	.771	.500	.062	.007	.007	.000	.000
	7	1.000	1.000	.999	.982	.902	.709	.165	.030	.030	.001	.000
	8	1.000	1.000	1.000	.996	.968	.867	.346	.099	.099	.006	.000
	9	1.000	1.000	1.000	.999	.992	.954	.579	.253	.253	.034	.003
	10	1.000	1.000	1.000	1.000	.999	.989	.798	.498	.498	.134	.025
	11	1.000	1.000	1.000	1.000	1.000	.998	.936	.766	.766	.379	.135
	12	1.000	1.000	1.000	1.000	1.000	1.000	.990	.945	.945	.746	.487
	13	1.000	1.000	1.000	1.000	1.000	1.000	1.000	1.000	1.000	1.000	1.000
$n=14$	0	.488	.229	.044	.007	.001	.000	.000	.000	.000	.000	.000
	1	.847	.585	.198	.047	.008	.001	.000	.000	.000	.000	.000
	2	.970	.842	.448	.161	.040	.006	.001	.000	.000	.000	.000

	.05	.10	.20	.30	.40	p .50	.60	.70	.80	.90	.95
c											
3	.996	.956	.698	.355	.124	.029	.004	.000	.000	.000	.000
4	1.000	.991	.870	.584	.279	.090	.018	.000	.000	.000	.000
5	1.000	.999	.956	.781	.486	.212	.058	.000	.000	.000	.000
6	1.000	1.000	.988	.907	.692	.395	.150	.002	.000	.000	.000
7	1.000	1.000	.998	.969	.850	.605	.308	.012	.000	.000	.000
8	1.000	1.000	1.000	.992	.942	.788	.514	.044	.001	.001	.000
9	1.000	1.000	1.000	.998	.982	.910	.721	.130	.009	.009	.000
10	1.000	1.000	1.000	1.000	.996	.971	.876	.302	.044	.044	.004
11	1.000	1.000	1.000	1.000	.999	.994	.960	.552	.158	.158	.030
12	1.000	1.000	1.000	1.000	1.000	.999	.992	.802	.415	.415	.153
13	1.000	1.000	1.000	1.000	1.000	1.000	.999	.956	.771	.771	.512
14	1.000	1.000	1.000	1.000	1.000	1.000	1.000	1.000	1.000	1.000	1.000
n = 15　0	.463	.206	.035	.005	.000	.000	.000	.000	.000	.000	.000
1	.829	.549	.167	.035	.005	.000	.000	.000	.000	.000	.000
2	.964	.816	.398	.127	.027	.004	.000	.000	.000	.000	.000
3	.995	.944	.648	.297	.091	.018	.002	.000	.000	.000	.000
4	.999	.987	.836	.515	.217	.059	.009	.001	.000	.000	.000
5	1.000	.998	.939	.722	.403	.151	.034	.004	.000	.000	.000
6	1.000	1.000	.982	.869	.610	.304	.095	.015	.001	.000	.000
7	1.000	1.000	.996	.950	.787	.500	.213	.050	.004	.000	.000
8	1.000	1.000	.999	.985	.905	.696	.390	.131	.018	.000	.000
9	1.000	1.000	1.000	.996	.966	.849	.597	.278	.061	.002	.000
10	1.000	1.000	1.000	.999	.991	.941	.783	.485	.164	.013	.001
11	1.000	1.000	1.000	1.000	.998	.982	.909	.703	.352	.056	.005
12	1.000	1.000	1.000	1.000	1.000	.996	.973	.873	.602	.184	.036
13	1.000	1.000	1.000	1.000	1.000	1.000	.995	.965	.833	.451	.171
14	1.000	1.000	1.000	1.000	1.000	1.000	1.000	.995	.965	.794	.537
15	1.000	1.000	1.000	1.000	1.000	1.000	1.000	1.000	1.000	1.000	1.000
n = 16　0	.440	.185	.028	.003	.000	.000	.000	.000	.000	.000	.000
1	.811	.515	.141	.026	.003	.000	.000	.000	.000	.000	.000
2	.957	.789	.352	.099	.018	.002	.000	.000	.000	.000	.000
3	.993	.932	.598	.246	.065	.011	.001	.000	.000	.000	.000
4	.999	.983	.798	.450	.167	.038	.005	.000	.000	.000	.000
5	1.000	.997	.918	.660	.329	.105	.019	.002	.000	.000	.000
6	1.000	.999	.973	.825	.527	.227	.058	.007	.000	.000	.000
7	1.000	1.000	.993	.926	.716	.402	.142	.026	.001	.000	.000
8	1.000	1.000	.999	.974	.858	.598	.284	.074	.007	.000	.000
9	1.000	1.000	1.000	.993	.942	.773	.473	.175	.027	.001	.000
10	1.000	1.000	1.000	.998	.981	.895	.671	.340	.082	.003	.000

		.05	.10	.20	.30	.40	.50 p	.60	.70	.80	.90	.95
	c											
	11	1.000	1.000	1.000	1.000	.995	.962	.833	.550	.202	.017	.001
	12	1.000	1.000	1.000	1.000	.999	.989	.935	.754	.402	.068	.007
	13	1.000	1.000	1.000	1.000	1.000	.998	.982	.901	.648	.211	.043
	14	1.000	1.000	1.000	1.000	1.000	1.000	.997	.974	.859	.485	.189
	15	1.000	1.000	1.000	1.000	1.000	1.000	1.000	.997	.972	.815	.560
	16	1.000	1.000	1.000	1.000	1.000	1.000	1.000	1.000	1.000	1.000	1.000
$n=17$	0	.118	.167	.023	.002	.000	.000	.000	.000	.000	.000	.000
	1	.792	.482	.118	.019	.002	.000	.000	.000	.000	.000	.000
	2	.950	.762	.310	.077	.012	.001	.000	.000	.000	.000	.000
	3	.991	.917	.549	.202	.046	.006	.000	.000	.000	.000	.000
	4	.999	.978	.758	.389	.126	.025	.003	.000	.000	.000	.000
	5	1.000	.995	.894	.597	.264	.072	.011	.001	.000	.000	.000
	6	1.000	.999	.962	.775	.448	.166	.035	.003	.000	.000	.000
	7	1.000	1.000	.989	.895	.641	.315	.092	.013	.000	.000	.000
	8	1.000	1.000	.997	.960	.801	.500	.199	.040	.003	.000	.000
	9	1.000	1.000	1.000	.987	.908	.685	.359	.105	.011	.000	.000
	10	1.000	1.000	1.000	.997	.965	.834	.552	.225	.038	.001	.000
	11	1.000	1.000	1.000	.999	.989	.928	.736	.403	.106	.005	.000
	12	1.000	1.000	1.000	1.000	.997	.975	.874	.611	.242	.022	.001
	13	1.000	1.000	1.000	1.000	1.000	.994	.954	.798	.451	.083	.009
	14	1.000	1.000	1.000	1.000	1.000	.999	.988	.923	.690	.238	.050
	15	1.000	1.000	1.000	1.000	1.000	1.000	.998	.981	.882	.518	.208
	16	1.000	1.000	1.000	1.000	1.000	1.000	1.000	.998	.977	.833	.582
	17	1.000	1.000	1.000	1.000	1.000	1.000	1.000	1.000	1.000	1.000	1.000
$n=18$	0	.397	.150	.018	.002	.000	.000	.000	.000	.000	.000	.000
	1	.774	.450	.099	.014	.001	.000	.000	.000	.000	.000	.000
	2	.942	.734	.271	.060	.008	.001	.000	.000	.000	.000	.000
	3	.989	.902	.501	.165	.033	.004	.000	.000	.000	.000	.000
	4	.998	.972	.716	.333	.094	.015	.001	.000	.000	.000	.000
	5	1.000	.994	.867	.534	.209	.048	.006	.000	.000	.000	.000
	6	1.000	.999	.949	.722	.374	.119	.020	.001	.000	.000	.000
	7	1.000	1.000	.984	.859	.563	.240	.058	.006	.000	.000	.000
	8	1.000	1.000	.996	.940	.737	.407	.135	.021	.001	.000	.000
	9	1.000	1.000	.999	.979	.865	.593	.263	.060	.004	.000	.000
	10	1.000	1.000	1.000	.994	.942	.760	.437	.141	.016	.000	.000
	11	1.000	1.000	1.000	1.000	.980	.881	.626	.278	.051	.001	.000
	12	1.000	1.000	1.000	1.000	.994	.952	.791	.466	.133	.006	.000
	13	1.000	1.000	1.000	1.000	.999	.985	.906	.667	.284	.028	.002
	14	1.000	1.000	1.000	1.000	1.000	.996	.967	.835	.499	.098	.011

						p						
	.05	.10	.20	.30	.40	.50	.60	.70	.80	.90	.95
c											
15	1.000	1.000	1.000	1.000	1.000	.999	.992	.940	.729	.266	.058
16	1.000	1.000	1.000	1.000	1.000	1.000	.999	.986	.901	.550	.226
17	1.000	1.000	1.000	1.000	1.000	1.000	1.000	.998	.982	.850	.603
18	1.000	1.000	1.000	1.000	1.000	1.000	1.000	1.000	1.000	1.000	1.000
$n=19$ 0	.377	.135	.014	.001	.000	.000	.000	.000	.000	.000	.000
1	.755	.420	.083	.010	.001	.000	.000	.000	.000	.000	.000
2	.933	.705	.237	.046	.005	.000	.000	.000	.000	.000	.000
3	.987	.885	.455	.133	.023	.002	.000	.000	.000	.000	.000
4	.998	.965	.673	.282	.070	.010	.001	.000	.000	.000	.000
5	1.000	.991	.837	.474	.163	.032	.003	.000	.000	.000	.000
6	1.000	.998	.932	.666	.308	.084	.012	.001	.000	.000	.000
7	1.000	1.000	.977	.818	.488	.180	.035	.003	.000	.000	.000
8	1.000	1.000	.993	.916	.667	.324	.088	.011	.000	.000	.000
9	1.000	1.000	.998	.967	.814	.500	.186	.033	.002	.000	.000
10	1.000	1.000	1.000	.989	.912	.676	.333	.084	.007	.000	.000
11	1.000	1.000	1.000	.997	.965	.820	.512	.182	.023	.000	.000
12	1.000	1.000	1.000	.999	.988	.916	.692	.334	.068	.002	.000
13	1.000	1.000	1.000	1.000	.997	.968	.837	.526	.163	.009	.000
14	1.000	1.000	1.000	1.000	.999	.990	.930	.718	.327	.035	.002
15	1.000	1.000	1.000	1.000	1.000	.998	.977	.867	.545	.115	.013
16	1.000	1.000	1.000	1.000	1.000	1.000	.995	.954	.763	.295	.067
17	1.000	1.000	1.000	1.000	1.000	1.000	.999	.990	.917	.580	.245
18	1.000	1.000	1.000	1.000	1.000	1.000	1.000	.999	.986	.865	.623
19	1.000	1.000	1.000	1.000	1.000	1.000	1.000	1.000	1.000	1.000	1.000
$n=20$ 0	.358	.122	.012	.001	.000	.000	.000	.000	.000	.000	.000
1	.736	.392	.069	.008	.001	.000	.000	.000	.000	.000	.000
2	.925	.677	.206	.035	.004	.000	.000	.000	.000	.000	.000
3	.984	.867	.411	.107	.016	.001	.000	.000	.000	.000	.000
4	.997	.957	.630	.238	.051	.006	.000	.000	.000	.000	.000
5	1.000	.989	.804	.416	.126	.021	.002	.000	.000	.000	.000
6	1.000	.998	.913	.608	.250	.058	.006	.000	.000	.000	.000
7	1.000	1.000	.968	.772	.416	.132	.021	.001	.000	.000	.000
8	1.000	1.000	.990	.887	.596	.252	.057	.005	.000	.000	.000
9	1.000	1.000	.997	.952	.755	.412	.128	.017	.001	.000	.000
10	1.000	1.000	.999	.983	.872	.588	.245	.048	.003	.000	.000
11	1.000	1.000	1.000	.995	.943	.748	.404	.113	.010	.000	.000
12	1.000	1.000	1.000	.999	.979	.868	.584	.228	.032	.000	.000
13	1.000	1.000	1.000	1.000	.994	.942	.750	.392	.087	.002	.000
14	1.000	1.000	1.000	1.000	.998	.979	.874	.584	.196	.011	.000

		.05	.10	.20	.30	.40	p .50	.60	.70	.80	.90	.95
	c											
	15	1.000	1.000	1.000	1.000	1.000	.994	.949	.762	.370	.043	.003
	16	1.000	1.000	1.000	1.000	1.000	.999	.984	.893	.589	.133	.016
	17	1.000	1.000	1.000	1.000	1.000	1.000	.996	.965	.794	.323	.075
	18	1.000	1.000	1.000	1.000	1.000	1.000	.999	.992	.931	.608	.264
	19	1.000	1.000	1.000	1.000	1.000	1.000	1.000	.999	.988	.878	.642
	20	1.000	1.000	1.000	1.000	1.000	1.000	1.000	1.000	1.000	1.000	1.000
$n=25$	0	.277	.072	.004	.000	.000	.000	.000	.000	.000	.000	.000
	1	.642	.271	.027	.002	.000	.000	.000	.000	.000	.000	.000
	2	.873	.537	.098	.009	.000	.000	.000	.000	.000	.000	.000
	3	.966	.764	.234	.033	.002	.000	.000	.000	.000	.000	.000
	4	.993	.902	.421	.090	.009	.000	.000	.000	.000	.000	.000
	5	.999	.967	.617	.193	.029	.002	.000	.000	.000	.000	.000
	6	1.000	.991	.780	.341	.074	.007	.000	.000	.000	.000	.000
	7	1.000	.998	.891	.512	.154	.022	.001	.000	.000	.000	.000
	8	1.000	1.000	.953	.677	.274	.054	.004	.000	.000	.000	.000
	9	1.000	1.000	.983	.811	.425	.115	.013	.000	.000	.000	.000
	10	1.000	1.000	.994	.902	.586	.212	.034	.002	.000	.000	.000
	11	1.000	1.000	.998	.956	.732	.345	.078	.006	.000	.000	.000
	12	1.000	1.000	1.000	.983	.846	.500	.154	.017	.000	.000	.000
	13	1.000	1.000	1.000	.994	.922	.655	.268	.044	.002	.000	.000
	14	1.000	1.000	1.000	.998	.966	.788	.414	.098	.006	.000	.000
	15	1.000	1.000	1.000	1.000	.987	.885	.575	.189	.017	.000	.000
	16	1.000	1.000	1.000	1.000	.996	.946	.726	.323	.047	.000	.000
	17	1.000	1.000	1.000	1.000	.999	.978	.846	.488	.109	.002	.000
	18	1.000	1.000	1.000	1.000	1.000	.993	.926	.659	.220	.009	.000
	19	1.000	1.000	1.000	1.000	1.000	.998	.971	.807	.383	.033	.001
	20	1.000	1.000	1.000	1.000	1.000	1.000	.991	.910	.579	.098	.007
	21	1.000	1.000	1.000	1.000	1.000	1.000	.998	.967	.766	.236	.034
	22	1.000	1.000	1.000	1.000	1.000	1.000	1.000	.991	.902	.463	.127
	23	1.000	1.000	1.000	1.000	1.000	1.000	1.000	.998	.973	.729	.358
	24	1.000	1.000	1.000	1.000	1.000	1.000	1.000	1.000	.996	.928	.723
	25	1.000	1.000	1.000	1.000	1.000	1.000	1.000	1.000	1.000	1.000	1.000

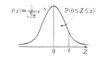

z	0.00	0.01	0.02	0.03	0.04	0.05	0.06	0.07	0.08	0.09
0.0	.0000	.0040	.0080	.0120	.0160	.0199	.0239	.0279	.0319	.0359
0.1	.0398	.0438	.0478	.0517	.0557	.0596	.0636	.0675	.0714	.0753
0.2	.0793	.0832	.0871	.0910	.0948	.0987	.1026	.1064	.1103	.1141
0.3	.1179	.1217	.1255	.1293	.1331	.1368	.1406	.1443	.1480	.1517
0.4	.1554	.1591	.1628	.1664	.1700	.1736	.1772	.1808	.1844	.1879
0.5	.1915	.1950	.1985	.2019	.2054	.2088	.2123	.2157	.2190	.2224
0.6	.2257	.2291	.2324	.2357	.2389	.2422	.2454	.2486	.2517	.2549
0.7	.2580	.2611	.2642	.2673	.2704	.2734	.2764	.2794	.2823	.2852
0.8	.2881	.2910	.2939	.2967	.2995	.3023	.3051	.3078	.3106	.3133
0.9	.3159	.3186	.3212	.3238	.3264	.3289	.3315	.3340	.3365	.3389
1.0	.3413	.3438	.3461	.3485	.3508	.3531	.3554	.3577	.3599	.3621
1.1	.3643	.3665	.3686	.3708	.3729	.3749	.3770	.3790	.3810	.3830
1.2	.3849	.3869	.3888	.3907	.3925	.3944	.3962	.3980	.3997	.4015
1.3	.4032	.4049	.4066	.4082	.4099	.4115	.4131	.4147	.4162	.4177
1.4	.4192	.4207	.4222	.4236	.4251	.4265	.4279	.4292	.4306	.4319
1.5	.4332	.4345	.4357	.4370	.4382	.4394	.4406	.4418	.4429	.4441
1.6	.4452	.4463	.4474	.4484	.4495	.4505	.4515	.4525	.4535	.4545
1.7	.4554	.4564	.4573	.4582	.4591	.4599	.4608	.4616	.4625	.4633
1.8	.4641	.4649	.4656	.4664	.4671	.4678	.4686	.4693	.4699	.4706
1.9	.4713	.4719	.4726	.4732	.4738	.4744	.4750	.4756	.4761	.4767
2.0	.4772	.4778	.4783	.4788	.4793	.4798	.4803	.4808	.4812	.4817
2.1	.4821	.4826	.4830	.4834	.4838	.4842	.4846	.4850	.4854	.4857
2.2	.4861	.4864	.4868	.4871	.4875	.4878	.4881	.4884	.4887	.4890
2.3	.4893	.4896	.4898	.4901	.4904	.4906	.4909	.4911	.4913	.4916
2.4	.4918	.4920	.4922	.4925	.4927	.4929	.4931	.4932	.4934	.4936
2.5	.4938	.4940	.4941	.4943	.4945	.4946	.4948	.4949	.4951	.4952
2.6	.4953	.4955	.4956	.4957	.4959	.4960	.4961	.4962	.4963	.4964
2.7	.4965	.4966	.4967	.4968	.4969	.4970	.4971	.4972	.4973	.4974
2.8	.4974	.4975	.4976	.4977	.4977	.4978	.4979	.4979	.4980	.4981
2.9	.4981	.4982	.4982	.4983	.4984	.4984	.4985	.4985	.4986	.4986
3.0	.4987	.4987	.4987	.4988	.4988	.4989	.4989	.4989	.4990	.4990
3.1	.4990	.4991	.4991	.4991	.4992	.4992	.4992	.4992	.4993	.4993
3.2	.4993	.4993	.4994	.4994	.4994	.4994	.4994	.4995	.4995	.4995
3.3	.4995	.4995	.4995	.4996	.4996	.4996	.4996	.4996	.4996	.4997

참고문헌

김선미 역, 통계학, 성안당, 2009

김우철 외7, 통계학개론, 영지문화사, 1996

김진배 역, 확률 7일만에 끝내기, 살림Math, 2010

김진호, 괴짜 통계학, 한국경제신문, 2010

김제영 외2, EXCEL을 이용한 통계학의 기초와 이해, 교우사, 2001

김혜선, 왜 버스는 한꺼번에 오는 걸까?, 경문사, 2018

김흥규, 통계학, 학현사, 2012

고왕경 외4, 통계학개론, 경문사, 1992

고왕경 외3, 확률론, 경문사, 1992

니시우치 히로부, 통계의 힘, 비전코리아, 2013

노경섭, 기초통계학, 한빛아카데미, 2016

류희찬 외9, 수학1, ㈜천재교과서, 2013

류희찬 외9, 수학2, ㈜천재교과서, 2013

류희찬 외9, 수학3, ㈜천재교과서, 2013

박지원, 통계분석, 경문사, 2009

박주영, 역, 통계학입문, 지상사, 2009

박종률 외5, 수학1, ㈜도서출판 디딤돌, 2009

박종률 외5, 수학2, ㈜도서출판 디딤돌, 2009

박종률 외5, 수학3, ㈜도서출판 디딤돌, 2009

성태제, 알기쉬운통계분석, 학지사, 2016

성태제, 현대기초통계학, 학지사, 2014

신현성 외1, 실용수학, ㈜천재교육, 2010

이동욱, 체육통계방법, 태근문화사, 1992

이기훈, EXCEL을 이용한 통계학, 자유아카데미, 2000

이재원, 확률과 통계 입문, 한빛아카데미, 2017

이창주 외1, 수학의 샘-확률과 통계, 아름다운 샘

이창희 외1, 수학의 바이블, 이투스북, 2014

이강섭 외14, 확률과 통계, ㈜미래엔, 2014

이준열 외9, 확률과 통계, 천재교육, 2014

안동현 역, 이렇게 쉬운 통계학, 한빛미디어, 2019

오홍준 외2, 기초 통계학개론, 북스힐, 2016

오홍준 외2, 통계학의 기초, 북스힐, 2009

최용준, 셀파 해법수학, 천재교육, 2014

최제호, 통계의 미학, 동아시아, 2007

최현석, 통계학의 이해와 활용, 노벨미디어, 2010

쿠리하라 신이치 외1, 통계학 도감, 성안당, 2018

황선욱 외8, 수학1, ㈜좋은책신사고, 2013

황선욱 외8, 수학2, ㈜좋은책신사고, 2013

황선욱 외8, 수학3, ㈜좋은책신사고, 2013

홍범준, 개념쎈 확률과 통계, 좋은책 신사고, 2017

허윤범 역, 통계 7일만에 끝내기, 살림Math, 2010

네이버 블로그, 공대생을 위한 공부방

네이버 블로그, 세상을 이롭게 하는 연구

네이버 지식백과, 포아송분포

http://www.hf.go.kr

http://www.kostat.go.kr

http://www.kss.or.kr

https://www.koshis.or.kr

https://www.sspsa.re.kr

찾아보기

생활 속의 통계

초판 인쇄 | 2020년 12월 25일
초판 발행 | 2020년 12월 30일

지은이 | 오흥준
펴낸이 | 조승식
펴낸곳 | (주)도서출판 북스힐

등 록 | 1998년 7월 28일 제22-457호
주 소 | 서울시 강북구 한천로 153길 17
전 화 | (02) 994-0071
팩 스 | (02) 994-0073

홈페이지 | www.bookshill.com
이메일 | bookshill@bookshill.com

정가 15,000원

ISBN 979-11-5971-331-6